家具大师设计作品解析

耿晓杰、张帆、方海 著

Ilmari Tapiovaara
Yrjö Kokkapuro
Yrjö Wiherheimo
Simo Heikkilä

U0238041

中国水利水电出版社
www.waterpub.com.cn

内 容 提 要

    本书主要向读者介绍了芬兰四位著名的家具设计大师：伊玛拉·塔佩瓦拉（Ilmari Tapiovaara），约里奥·库卡波罗（Yrjö Kukkapuro），约里奥·威勒海蒙（Yrjö Wiherheimo）和西蒙·海科拉（Simo Heikkilä），他们分别是芬兰家具设计不同时期的代表人物，其中塔佩瓦拉是芬兰现代家具设计的开创者，库卡波罗是芬兰现代家具设计的集大成者，而海科拉和威勒海蒙是芬兰目前家具设计的领导者。本书主要介绍了这几位设计大师的简要背景，设计经历，并对其代表性作品进行深入解析，本书还包括对设计师及其他和设计师相关的一些重要人物的访谈，旨在使读者从各个角度深入理解设计师的设计观念和思想。

    本书将重点放在对作品的分析上面，角度独特，图片丰富。本书为家具设计类专业的师生及从事家具设计的专业人员所必读之书。

图书在版编目（CIP）数据

家具大师设计作品解析 / 耿晓杰，张帆，方海著
  -- 北京：中国水利水电出版社，2012.9
  ISBN 978-7-5170-0146-1

  Ⅰ．①家… Ⅱ．①耿… ②张… ③方… Ⅲ．①家具—设计—研究—芬兰 Ⅳ．①TS664.01

中国版本图书馆CIP数据核字（2012）第211228号

书　　名	**家具大师设计作品解析**	
作　　者	耿晓杰　张帆　方海　著	
出版发行	中国水利水电出版社	
	（北京市海淀区玉渊潭南路1号D座　100038）	
	网址：www.waterpub.com.cn	
	E-mail:sales@waterpub.com.cn	
	电话：（010）68367658（发行部）	
经　　售	北京科水图书销售中心（零售）	
	电话：（010）88383994、63202643、68545874	
	全国各地新华书店和相关出版物销售网点	
排　　版	扎西梅朵工作室	
印　　刷	北京博图彩色印刷有限公司	
规　　格	170mm×230mm　16开本　13印张　320千字	
版　　次	2012年9月第1版　2012年9月第1次印刷	
印　　数	0001—3000册	
定　　价	**55.00元**	

序1

FINNISH FURNITURE – STEPS OF EVOLUTION

The designers, the products, the context

Finnish design has reached international acclaim since the beginning of the 20th century. A prominent part of this design consists of furniture, especially after the breakthrough of Modernism in the early 1930s. In this brief introduction to the monographical presentation of four renown furniture designers and their work I will sketch some lines of a more general development behind the particular achievements described in the book. The reader is also advised to use the book Finnish Design. A Concise History by Pekka Korvenmaa (China Architecture Press, publ. in December 2011).

Although much has been written about the "Finnishness" of Finnish furniture design it is difficult to define these characteristics. It is certainly the result of certain materials, techniques, forms – and of a deliberate construction of a discourse entangled with localist, patriotic, even nationalist aspirations. In order to understand this we have to begin from the late 19th and the turn of the 20th century when Finland, then part of Russia, tried to develop cultural manifestations with a specific character, something that could be called Finnish. Architecture and design played a significant role in this effort which had an international breakthrough in the Paris International World Fair 1900. The Finnish pavilion and its interiors were praised by the critics to be something new, original – Finnish. Inside furniture by architect Eliel Saarinen (1873-1950) displayed ethnographic detailing as part of otherwise avant-garde design, making them contemporary and local at the same time. It is to be noted here that up to mid-1930s architects were the leaders also in interior and furniture design in Finland. It was only in the 20s when professionals trained in furniture drawing at the national craft school slowly gained foothold as independent designers. The professionals portrayed in this book already belong to an era when furniture design had become a profession on its own.

Thus the early 20th century was the first important phase in Finnish furniture design. Economic boom which lasted up to the World War I led to extensive growth in urbanization and construction, both public and private, thus spurring the need for furniture. At the same design – then crafts – became a respected part of the man-made environment alongside with architecture. The consumption of individually designed furniture for the middle and upper class grew significantly. Especially the commissions for individual interiors with their furniture coming from the upper class gave possibilities for artistic efforts and required high-level craftsmanship for their execution. This, together with the development of mixing contemporary international currents with local, regional motifs raised the "art of furniture" to the forefront of cultural activity. We have to remember that, in contrast to furniture design and production from 1930s onwards, we are here dealing with objects produced individually and by manual labor, not of industrial or even serial production.

One important thing to remember is also that Finland was even up to 1940s a predominantly agrarian society. In the countryside local village carpenters provided farmsteads with chairs and cabinets. Also indigenous home production flourished well into the 20th century. The urban middle and working classes consumed furniture produced in workshops of half-industrial character but depending largely on manual labor.

The independence from Russia which Finland reached in 1917 first signified difficult times for the advancement of furniture design, production and consumption. New position as a sovereign nation signified a great workload in constructing systems of politics, administration and economics. Russia had become Soviet Union, the border between the countries was now closed and the prosperous trade with St. Petersburg stopped. The city had been a major consumer of Finnish furniture and whole interior designs. But when industrial production again picked up in the mid-20s furniture production was among the first industries in design to grow and develop. Serial production in large-scale factories such as Asko works in Lahti now changed the scene. Well-designed furniture with affordable prices came into reach of new consumer groups. Also the education of furniture designers now produced professionals who were able to co-operate with industry. One of the best early examples was Werner West (1890-1959) who was among the first ones to introduce modernist ideas into serial production of chairs in solid wood and plywood. Around 1930 there was a clear shift from unique pieces towards professionally designed, factory-produced furniture. At this very same moment also modernism, the continental ideas from Bauhaus and Le Corbusier, were introduced into Finnish architecture and design. The change from the then prevailing stylistic climate of using classical references was quite abrupt. From these years onwards Finnish design in general, including furniture, has in various forms followed the ideological basis of modernism, although with varying formal and technical solutions. In this way modernism, now eighty years old, is at the same time part of the history and tradition of Finnish furniture design as well as it is a conceptual basis still operative today.

If one leading person in introducing modernism in architecture but significantly also in furniture design has to be highlighted it is the architect Alvar Aalto (1898-1976). His range of designs, dating predominantly from 1930 to 1940, is still in production and forms a backbone of Finnish modern interiors, both private and public, familiar to all Finns. He was fortunate in finding an industrialist willing to invest in experimental design and also talented in adapting new technologies and production techniques. Together with Aalto they looked for new ways to use the material most typical in Finnish furniture, birchwood. The domestic forest industries and their laboratories had tested new ways to laminate wood in order to extend the durability and performance of the ordinary plywood. Finland at that time was one of the leading producers of plywood in the world so it was natural to benefit of this inexpensive material. Aalto and the industrialist Otto Korhonen together also developed a way to produce the legs, armrests and supporting parts of the back of one, single piece of laminated wood. Thus Aalto was able to transform the vocabulary and techniques of continental modernism, using chromed steel tube, into an approach based on domestic materials. When the company Artek, still operating today, was founded in 1935 to promote and distribute the Aalto range of furniture Alvar Aalto found himself in a very positive and rare situation regarding himself as a designer and the possibilities to influence the spread of modernism: his designs were turned into products by a devoted industrial enterprise and their marketing was taken care of by Artek with which Aalto had an intimate relationship. Although Aalto is gone the family-owned Korhonen factory still produces the furniture and Artek has its original role as distributor – a highly rare and continuous symbiosis in the field of modern furniture. Thus, Aalto furniture is not retro and has not been re-launched like so many designs by Breuer, van der Rohe or Le Corbusier. This has led in Finland to homes of Aalto furniture purchased by three generations, the items being continuously used. The existing and partly inherited set can always be added to with same items one´s grandparents bought in the 30s.

Modernism thus gained an ever-widening foothold in Finnish furniture design towards the end of the 1930s. Aalto was not alone, several other architect-designers and continuously more professionals from education in furniture design – typically to Finland also more and more women - were able to find a demand both in the industry and in new consumers in the sector of young middle class urban population, all taking advantage of the prosperous years before the Second World War. The war years from 1939 to 1945 more or less stopped other production than that serving war industries and after the war the country was ravaged and poor – the consumption of design thus in a minimal state. But when construction of public buildings such as schools and of homes again picked up from late 40s onwards the heritage of modernism from pre-war years was taken into use – and now in much bigger scale. The creation of the welfare state also called for the service of design in shaping a modern living environment to the benefit of all citizens. The education in design and especially in furniture design progressed rapidly as well as the collaboration between education and the industries. A sign of this was the establishing of a professional union for furniture and interior designers in 1948. For several decades, up to the advent of digitalization and the rise of the IT industries in the 1990s, this professional group was the leading one in the Finnish design context. A remarkable feature was the intimate collaboration between them and architects, leading to an environment where different scales of design was worked out with similar functional and aesthetic aspirations.

The period from early 1950s to 1970s has with due reason been labeled as the Golden Era of Finnish design. It became internationally well-know via prizes in important exhibitions and fairs, such as the Triennials of Milan. This led to a growing export of the design industries, furniture being the most prominent regarding the cash value. Also the domestic market took benefit of this fame. Furniture we now admire in museums or purchase with high prices from the vintage market were normal, everyday household items. In this way, almost unintentionally, the Finnish homes as well as the public domain, became saturated with modern design. And here, of course, furniture as the most dominant item of interior spaces, played a significant role. Thus both designers, producers and consumers shared the modernist credo where design was one factor in modernizing the whole society. In this way it was not something added, an extra or elitist feature but part of the everyday, of the rational and simultaneously aesthetically pleasing way of organizing your living.

This positive spiral of education, design, production and consumption of modern furniture established in the post-war decades was thus a dominant feature where most design was anonymous to the consumer to whom it was not important who had designed the kitchen chair. But at the same time a part of the furniture had a higher status, branded by the designers name. It is exactly these pieces, such as the chair Mademoiselle by Ilmari Tapiovaara from 1956, that when looking selectively back in history rise above the ordinary.They were upscale products, key pieces of the middle class living room, profiling their owners as people with a good taste and understanding of contemporary design.

Above I have tried to sketch a path, an evolution of modern furniture design in Finland to serve as backdrop for the individual designers portrayed in this book. Nothing is born from emptiness, everything has its origin. Tapiovaara, Kukkapuro, Heikkilä and Wiherheimo continue the work the foundations of which were laid in the early 1930s. The credo of Finnish and more generally Nordic modernism is still operative. But I began this essay by mentioning the strive towards a Finnish culture of design, first visible via a combination of international influences and domestic ethnographic material. Can modernism have a national, regional character? I would say yes, but in a very abstract mode, not coming from forms or detailing with straight references to local past or nature. Selection and use of materials, such the ever-dominating wood now seen in laminated seats, the strive towards an ultimately functional form while not forgetting the beauty coming out from simple but thoroughly elaborated proportions – characteristics such as these are some of the features found in the best of the modern furniture design coming from our country.

Pekka Korvenmaa

序2

功能主义设计的轨迹

1. 功能主义设计的源流

在人类的发展过程中，功能主义是一种最基本的行为原则。在早期原始艰难的生存条件下，人类需要与身处的自然抗争，与周围的动植物竞争，才能够获得足够的资源在生存的竞技中胜出，这是我们的祖先生存的最基本的状态。面对巨大的生存压力，功能主义是我们的祖先早年生活的一种必然选择。随着人类社会的发展，随着私有制的进步和剩余产品的增多，生活中装饰和仪式的成分开始萌芽发展，这是与功能主义对立的一种倾向。在初期发展过程中，装饰和仪式还追随着功能主义的原则，而随着社会的不断进步，在不影响使用的同时，设计不断的走向繁复。这在夏商周的青铜器细致复杂的纹样上，在古希腊、古罗马出土的大量文物的装饰上，都有所体现。

人类文明的发展总体上可以归结为两大潮流，即东方文明和西方文明。在文明漫长的演进过程中，东西方都经历了不同的发展阶段，其中有其普遍的共性，也有着各自的不同。在东方文明发展过程中，无论中国、日本、韩国还是东南亚，都是在功能主义和装饰主义的相互促进和竞争中发展到今天的。

中国传统的设计文化，尤其是日用品的设计，其发展演变基本遵循着功能主义的主线，并由此积累了当代设计师弥足珍贵的丰富的设计智慧。虽然历朝历代也都有装饰主义的影响，但功能主义始终位居主流。比如青铜器，撇开各种使用功能之外，其丰富而繁杂的纹样也同样是基于礼仪上的需求，满足着人们在社会心理上的需要。此外，玉器虽然在多数场合被认为是一种饰品，但实际上它们总是有非常明确的使用功能。同样的，陶瓷——中国人为世界贡献出的最宝贵的设计财富之一——可以说完全是功能主义的产物。从一开始，人类发现能够通过高温烧制器皿储藏食物，从而满足最基本的生存需求，到后来即使陶瓷发展成为了中国传统工艺中设计水平最高，装饰系统最丰富的中国设计门类，中国的瓷器仍然是功能主义的完美代表。

如果说，中国青铜器、玉器、陶瓷都有其完善的装饰系统，那么中国家具，则可以说是非常纯粹、完美的功能主义的典范。中国家具的发展，体现了功能主义从诞生到成熟的完美过程，其发展追随着中国人的生活方式的转变——从席地而坐转变为高坐式。此外，中国家具使用的材料通常为木材，这一方面与中国建筑所使用的材料密切相关；另一方面，也与中国人对人体工学方面的要求紧密联系；同时，中国设计师对生态环境的关注，也促使他们总是用最少的材料来达到最大的功能。中国设计师远在宋代就创造出极其简约的功能主义风格并延续至今，这一点是中国家具带给现代设计最重要启示。

而西方文明早年主要来自古埃及文明和古代西亚文明。这两大文明随后又为古希腊文明提供了足够的养分，期间产生了被称为西方文化基石的西方古典艺术和设计作品。古希腊的文化传统又被古罗马继承并有选择的吸收、发展。但在家具设计方面，西方更注重装饰主题和类型的演变。现代出土的古埃及家具实物，已经非常简洁实用，而此后继承它的各个文明发展阶段，古希腊、古罗马、罗马风时代、中世纪哥特风格、巴洛克艺术、洛可可甚至到新古典主义风格，在功能主义的发展方面都未能成为主流，它们基本都是在装饰主题方面大做文章。从而使装饰主义发展到了惹人生厌的程度，完全不符合随西方工业革命而来的社会发展对设计提出的要求。

与此同时，中国古典家具的发展，由经宋、明两代达到了最高峰，创造出了属于前现代社会的最合理、最美观的功能主义家具系统。而这一文化遗产，到了现代功能主义发生发展的时候，便立刻被吸收和发扬。

2. 现代功能主义的诞生

19世纪末到20世纪初的现代设计，完全是与工业化密切相关的功能主义的体现。随着科技的发展和进步，在英国、法国、德国、荷兰等老牌工业国的带动下，整个社会不断走向全球化，对于速度、有效性、合理化的要求日益增多。在现代主义诞生的初始阶段，欧洲各国的艺术与设计流派都作出了自己的贡献：首先是在工业革命的诞生地英国，拉斯金和莫里斯倡导、发展了如火如荼的工艺美术运动，并广泛影响美国。紧随其后，从法国、比利时开始的新艺术运动又引发了新一轮的设计高潮；与之对应的北欧新艺术运动，随后发展成具有持久影响力的北欧民族浪漫主义风格；而西班牙、意大利也发展出各具特色的"新艺术"风格。新艺术运动之后，以法国为代表的新装饰主义又对功能主义的理解进行了新的诠释，使得整个社会在设计意识上都产生了天翻地覆的变化。在这种剧烈的社会变革中，艺术大师应运而生，并对社会产生根本性的影响，以马蒂斯为代表的野兽派，以毕加索、勃拉克为代表的立体派，以蒙德里安、凡·杜斯堡代表的荷兰风格派，以塔特林、里西斯基为代表的俄国构成派，以波丘尼为代表的意大利未来派等等都以他们对现代社会、现代设计的独特理解来诠释、创造了各自不同的现代"功能主义"理念。这些艺术运动发展到1919年终于汇聚成撼动世界的力量，这一年格罗皮乌斯在凡德菲尔德的支持下，成立了日后被称为现代主义发源地的包豪斯设计学院，同时也为后来世界各地现代设计教育树立了样板。

包豪斯是西方设计史上最旗帜鲜明的把功能主义作为指导原则的学派，讲求与社会需要结合。包豪斯的每一个专业都是按照欧洲当时的社会需求来设计安排的，社会需求是包豪斯最大的发展动力，也是功能主义最根本的体现。此外，包豪斯的教学理念也与当代艺术的迅猛发展同步。包豪斯建立伊始，格罗皮乌斯所聘请的主持教授全部是最具影响力的现代艺术大师，尤其是莫霍利·纳吉，他不仅是一位天生的设计导师，而且在艺术与设计实践的诸多方面都有非常前卫的探索，引领着欧洲设计潮流。此外康定斯基、保罗·克利、费宁格、奥斯卡·舒莱曼等包豪斯全职教师也都是欧洲现代艺术的开山大师。

当然，包豪斯功能主义最直接的体现，是对材料的研究和对动手能力的全面重视。包豪斯所倡导是一个以动手能力为主导的教学模式——这一点根本的影响了此后的设计教育，每个专业都有自己的大型车间，每个作业都要求有实物的成果。包豪斯的几位设计大师，格罗皮乌斯、密斯和布劳耶尔也设计了大量作品来诠释他们的设计理念，影响极其深远，至今还在世界各地的生产线上。

3. 北欧功能主义：现代设计的主流学派

作为现代功能主义设计的源泉，包豪斯的作用是无法替代的，对全世界的影响至今仍非常强烈。然而作为最早的现代设计学派，为了与欧洲沉重的装饰传统决裂，其矫枉过正的做法，很快引起争鸣，不足之处也很快显现——对材料理解的绝对性导致了他们的产品和设计理念出现单一化和冷漠化的倾向。战后，随着社会进入稳定的发展阶段，人们对多样化和人性化的需求日渐高涨，包豪斯开始受到非议，这些都呼唤着新的流派和新的设计，北欧学派便在此时应运而生。

北欧学派的主要创始人老沙里宁在其设计生涯的前期，为北欧的民族浪漫主义设计风格奠定了基础，其设计强调人性化和环境保护，成为北欧设计的重要理念。随后老沙里宁移民美国，创办了举世闻名的匡溪艺术学院，培养出像小沙里宁以及伊姆斯夫妇这样的顶尖人才。而真正让北欧学派名扬世界的，是老沙里宁之后的北欧学派领军人物阿尔托。

阿尔托作为那个年代的职业建筑师，接受了完整的古典主义的训练；又由于父亲是森林测量家的缘故，阿尔托从小就与大自然有密切的接触，培养了对自然的深厚感情。在这一背景下，一旦阿尔托获得了强烈的功能主义信息，就很自然的把他对功能主义的理解与大自然结合起来，创造出人性化的、充满北欧特色的、新的功能主义，就不足为怪了。

阿尔托与现代主义相遇的机缘来自于格罗皮乌斯的引荐。在一次国际会议上，格罗皮乌斯将阿尔托介绍给了莫霍利·纳吉，两人一见如故。此后每年夏季，莫霍利·纳吉都会到芬兰度假，从而把当代艺术最新的进展和包豪斯的成果介绍给阿尔托。在与莫霍利·纳吉交往中，阿尔托获得了很多新思想，迅速的对当代艺术与设计的潮流有了自己非常完整而深刻的理解，结合于实践时，便创造出了迥异于第一代功能主义大师的新的设计手法和丰富多彩的造型语言。这与阿尔托内心深处至始至终保有的将包豪斯的原则本土化人性化的渴望密不可分。

由老沙里宁开创，阿尔托发扬的北欧功能主义，在家具设计领域体现的最为完美。众所周知，包豪斯创立了伟大的现代设计传统，密斯和布劳耶尔等人创造了经典现代设计作品。但对阿尔托而言，他们在材料和形式方面的有倾向性的追求，使得他们的主流产品都给人一种冷漠感。因此，他很早就意识到必须思考如何通过自己的设计改变功能主义这一负面印象。

作为第一代建筑大师，阿尔托深深感到很难在市场上找到与自己的建筑设计相匹配的家具，为了完善的表达自己对于建筑和设计的理解，阿尔托决定自己设计与现代建筑匹配的家具作品。20世纪20年代末，芬兰的建筑形势萧条，使得阿尔托终于有时间来着手发展更加人性化的家具设计。这种发展始于阿尔托对现代胶合板开发研制的成功，经过与专业厂家3年的合作，阿尔托成功研制出具有足够强度又同时具有完美可塑性的胶合板，并申请了专利。这种木材胶合板是一种富于人性化且健康舒适的材料，在强度和可塑性上，同样能够满足那些密斯和布劳耶尔用钢管在设计中创造的弯曲、悬挑的功能。阿尔托开始用这种全新的材料进行设计，对包豪斯的理念做出自己的诠释，创造出更加优美的形式语言。

阿尔托的成功博得了全世界的喝彩，尤其在北欧各国，吸引了一大批有才华的大师的追随并激发了彼此的竞争。丹麦的雅各布森、瑞典布鲁诺·马松、芬兰的塔佩瓦拉等，这一批大师都通过他们对设计的不同理解，对形式的不同的偏爱，用胶合板发展出新的功能主义设计，由此形成非常强大并经久不衰的北欧现代功能主义学派。

4. 芬兰当代功能主义设计大师

北欧设计学派有其鲜明的风格特征，同时北欧四国又各具特色，其差异来自于他们各自不同的历史和文化传统。瑞典和丹麦作为老牌的帝国主义国家，曾对欧洲和世界有过巨大的影响，其设计中宫廷文化传统强烈、皇家装饰意味浓厚；丹麦又有着长久的农业文化，手工业传统极强，家具设计师和制作者也因此更强调手工；挪威是一个长期地处偏远的国家，传统相对薄弱，因此民风大胆粗犷，常常有出人意料的设计作品。

与以上三国不同的是，芬兰是北欧四国中唯一的一个共和国，也是传统包袱最轻的国家。它地处偏远，远离欧洲的文化中心，保持了纯朴的乡村文化的设计传统——从芬兰民居的室内能非常清晰体会到芬兰的民间设计十分简练，即使有少量的装饰意味，也是建立在功能的需求上。因此，相对传统束缚少而受大自然启发更多的芬兰设计师，其作品中功能性强、重视人体工学，亲近自然尊重环境的意味非常强烈。

芬兰也是一个非常奇特的民族，尤其表现在他们的设计师往往对设计拥有一种天生的敏感并且创意丰富，保证芬兰这样一个只有五百多万人口的民族能够在全球设计发展的每一阶段都产生一流大师。从最早的老沙里宁到阿尔托，再到本书将着重介绍的后来的三代设计大师——塔佩瓦拉、库卡波罗、威勒海蒙和海克拉，他们都发展出丰富多彩的设计手法，创造出完善的符合建筑功能需求又给使用者带来最大舒适度和工作效率的各类家具系统，成为当今家具设计主流学派的代表人物，其作品也非常忠实和完整的体现了北欧功能主义的设计理念。

塔佩瓦拉是二战之后，真正以从事室内和家具设计为主的第一代设计大师，其作品不仅受到包豪斯的深刻影响，他本人也确实将这种影响灌输到所执教的赫尔辛基艺术与设计大学。在他的职业训练和设计生涯中，曾与几位顶级大师一起工作。最早，刚毕业的塔佩瓦拉就在阿尔托的事务所工作；随后又在巴黎的柯布西耶事务所作为室内设计方面的助手，与柯布西耶共事一年；他也曾受到密斯的邀请到伊利诺伊理工学院做过两年室内设计方面的教授。因此他的思想不仅是本土化的，更是全球化的、综合性的、功能主义的，这毫无疑问对芬兰的后辈设计师产生了非常大的影响。

在塔佩瓦拉众多学生当中，库卡波罗是举世公认的现代家具设计的集大成者。他继承了前几代设计大师以及整个欧洲现代设计的传统，并在现代设计的诸多领域作出了突破性贡献。早在在上世纪50年代末到60年代初，他就在材料和设计语言方面有了最初的突破——玻璃钢产品。这不仅使库卡波罗本人的设计哲学趋于成熟，使之成为那个时代芬兰乃至于北欧现代设计的旗手之一，也是60年代欧洲设计革命的重要代表人物之一。而玻璃钢的研发，仅仅是库卡波罗的创造性进展的一个开始，在此之后库卡波罗成为北欧乃至全球研究人体工学和人性化设计最重要的导师之一。正如他的同胞、前辈阿尔托对自己的阐释——我用作品说话——一样，库卡波罗也主要通过他大量的设计作品来宣示他的设计理念和设计哲学，成为影响现代办公家具、剧场家具等各类专业领域家具设计的最重要代表人物。此外，他开创了设计师与艺术家密切合作的设计模式，将艺术设计的各种领域巧妙的结合在一起，他的图腾家具系列是这方面的典型代表。他对各民族传统的关注和理解，尤其对中国古代家具的关注以及长期的学习、体会、理解，也使得他在与中国设计师和中国的优秀的工匠长期合作中，创造出一系列现代的中国主义设计产品，为中国当代的功能主义设计提供了一种启示。

库卡波罗不仅是一位在设计方面成果丰富的设计大师，也是一位影响深远的设计教育家。从上世纪60年代开始，库卡波罗就长期担任赫尔辛基艺术与设计大学的教授和校长，不仅为芬兰而且为世界各地培养了一代又一代的青年设计师。即使在90年代退休之后，他仍然担任母校的客座教授，并经常在世界各地做讲演，传播他的设计理念。

本书后两章所介绍的威勒海蒙和海克拉是库卡波罗众多学生中最重要的代表人物，并先后继任库卡波罗做过母校室内与家具设计系的教授。他们两位的设计理念秉承库卡波罗等前辈大师的功能主义设计哲学，也充分结合了当代社会的发展需要。他们对材料结构进行了深度的试验和研发，创造了许多新的产品；同时，随着全球范围内对生态环境的关注，这两位设计大师也用他们的方式，进行生态主义设计的探讨并付诸于实践。

库卡波罗曾经说过，人类的本性就是不断的追求新的产品，这也是社会的需求。威勒海蒙和海克拉等现在活跃的大师们，也都在现代设计的遗产上，不断的尝试新的手法、研制新的材料，来满足越来越丰富、越来越细化的人群的需要。

在全球化的今天，世界各地都发展出不同的学派，意大利学派、美国学派、英国、西班牙、德国、瑞士等等，都各有自己的特色，荷兰、东欧、日本、俄罗斯、东南亚等地区，也都在创造有自己特色的新的设计。可以说，每天都有新的产品出现，每天也都有产品被淘汰。而我们需要知道，设计的本质是什么？在这方面，北欧学派的回答往往是最发人深省的，它们体现着北欧设计的四E原则，即环境保护（Enviromental）、人体工学（Ergonomics）、经济（economics）和美学（esthetics）四项原则中。

本书所介绍的四位芬兰的设计大师，既是杰出的实践者，也是成功的教育家。他们在培养了一代又一代的年轻设计师的同时，也用自己的实践丰富现代设计的宝库。他们作品中强烈的以人为本的北欧功能主义传统，也给世界提供了一种长久的、有益的参考和借鉴。

方海/文

(芬兰阿尔托大学研究员、博士生导师 广东工业大学教授、博士生导师)

目　　录

2 约里奥·库卡波罗（Yrjö Kukkapuro）

Ilmari Tapiovaara   Yrjö Kukkapuro

Yrjö Wiherheimo   Simo Heikkilä

Ilmari Tapiovaara

伊玛里·塔佩瓦拉

■塔佩瓦拉的设计经历

伊玛里·塔佩瓦拉

伊玛里·塔佩瓦拉(Ilmari Tapiovaara)1914年出生于芬兰南部的一个城市——坦佩雷(Tempere)，其曾祖父曾经拥有一家较大的家具工厂，而其父亲是政府的高级林业官员，塔佩瓦拉来自于一个有着11个孩子的大家庭，他们中的大多数都具有视觉设计方面的天赋，他的哥哥尼尔克伊·塔佩瓦拉（Nyrki Tapiovaara）是一位著名的现代主义电影导演；另外一个兄弟塔皮奥·塔佩瓦拉（Tapio Tapiovaara）是一位图形设计艺术家；而奥斯莫·塔佩瓦拉（Osmo Tapiovaara）后来则帮助伊玛里·塔佩瓦拉解决与展览的构造相关的技术问题。因为家庭的关系，塔佩瓦拉童年的大部分时光都是在大自然中度过的，这种与大自然的亲密的感觉，来自家庭的对于创造性的鼓励，以及大量的兄弟姐妹在社会上的相互影响，所有这些不仅对于塔佩瓦拉的职业的选择起到了决定性的作用，而且给予了塔佩瓦拉坚实的起点，并使其最终在设计领域取得了令人瞩目的成就。

塔佩瓦拉所接受的教育也与当时一般的设计师有所不同。1930～1932年，他在家乡海密林纳（Hämeenlinna）的一所经济学院里学习，这种商业方面的培训对其后来在家具企业管理方面的才能展现奠定了基础。1933年他随全家搬迁到芬兰首都赫尔辛基（Helsinki），1934年进入室内艺术系学习，在20世纪30年代，这所学校是芬兰准备投身实用美术领域的学生唯一可以选择的学校。

1930年左右，在芬兰的建筑界已经开始明显受到了包豪斯和柯布西耶的实用主义的现代设计的影响，在芬兰的代表人物是阿尔瓦·阿尔托，他在20世纪30年代的转折时期的作品——帕米奥疗养院椅不久受到了国际上的认可。在这里提到阿尔托，是因为他的家具设计对于塔佩瓦拉职业生涯的早期阶段特别重要，阿尔托在20世纪30年代早期的作品是建立在层压弯曲木材和胶合板的创新性的使用基础上的，在当时来说，这一技术是具有革命性的，在整个国际的背景下这也是属于创新性的技术。阿尔托成功地将现代主义的造型和空间的观点与芬兰本地的原材料及以木质材料为基础的生产融合在一起。现代化的这两个方面——完全脱离传统的造型和结构，以及建立在现代技术和芬兰的木材的基础上的大批量系列化生产，是塔佩瓦拉开始职业生涯时所追求的核心目标。

塔佩瓦拉在中央实用美术学校学习期间，向学生们引入木制家具系列化生产的是沃纳·威斯特（Werner West），他对塔佩瓦拉其后的设计观念的形成产生了重要的影响。除了在中央实用美术学校学习之外，塔佩瓦拉还在不同的家具公司实习，其中包括英国和法国的家具公司，例如，在1936年，塔佩瓦拉就曾在伦敦的一家销售阿尔托家具的公司里工作过；在1937年的秋天，他又到了勒·柯布西耶的工作室里作为一个实习生工作了两个月，在这里，他学习到了很多新知识。他承认，他的作品受到了勒·柯布西耶的影响，但是他认为对其影响最大的还是阿尔托，他十分赞赏阿尔托将现代主义的设计原则和芬兰的木材结合在一起的设计方法，他认为自己可以延续这条设计路线。

从中央实用美术学校毕业以后，1938年，塔佩瓦拉开始了自己的事业，在当时，他是唯一一个毕业于家具专业的学生，他被称为〝家具绘图员〞，被芬兰最大的一家家具公司——阿斯科（Asko）公司雇佣为艺术指导。对于塔佩瓦拉来说，十分幸运的是，阿斯科公司为了满足当时的中产阶级的需求和新一代的现代消费者的品位，准备更新旧的产品种类，而阿斯科公司雄厚的经济实力也给设计师进行设计方面的试验提供了一个坚实的基础。北欧现代主义的重点在于改善工人们和中产阶级的居住条件，而在20世纪30年代，这些人的居住空间是比较狭小的，所以对于家具来说，就需要那种多用的、容易搬动的、品质高的而且可以进行大批量系列化生产的，从而可以降低成本的产品。1939年秋天，在赫尔辛基举办了一个大型的建筑及室内用品展览，阿斯科公司展示了一套塔佩瓦拉设计的家具，受到了极大的关注和欢迎，这套设计结合了大批量系列化生产、当地的原材料、现代主义的设计观念，同时还有低成本这几个方面，并将其重点放在出口方面。因为这一展览，塔佩瓦拉成功地成为芬兰最大的家具公司的领军人物，但是令塔佩瓦拉没有想到的是，阿斯科的销售商因为他的设计过于大胆、过于现代而不愿意销售他设计的产品，所以他的整套家具一直放在仓库里面。不久，芬兰就陷入了与苏联的战争，这一切都使塔佩瓦拉刚刚开始的事业突然中断。

1941～1944年，芬兰处于战争状态。在战争期间，塔佩瓦拉一直在芬兰东部的前线，他在前线区域生产办公室工作，主要负责指导建筑和室内用品的设计和建造任务。他们要面临的问题有两个，首先是唯一可以获得的原材料就是周围的森林；另外一个就是应该给这些建造物一个什么样的外形的问题。在建筑方面，他们主要采用了原木建造技术，利用极其有限的可以得到的工具，每年建造了40多栋新的房子。可以毫不夸张地说，战争期间在极端艰苦条件下的设计和建造经历，不仅提高了塔佩瓦拉在规划方面的技能，而且提高了他在策略方面的技能。从这方面来讲，战争年代对于塔佩瓦拉来说并没有浪费时间，反而增加了其职业方面的竞争力。

战争结束后，塔佩瓦拉进入了另外一家相对小一些的家具公司——Keravan Puuteollisuus公司，和他在战前工作过的阿斯科公司相比，这家公司不仅规模小得多，而且在雇佣塔佩瓦拉之前，实际上根本不是专业生产家具的工厂。塔佩瓦拉成为这家公司的艺术指导和经济指导，这使他早期接受的商业方面的训练又发挥了作用。实际上，Keravan Puuteollisuus公司成为了塔佩瓦拉在战后实现其家具批量化，系列化生产的梦想的舞台。从一开始，这家公司的主要目标就是出口，所以除了系列生产之外，解决产品重量、装配和包装的问题也非常重要。塔佩瓦拉始终信奉的是欧洲大陆的理性主义的设计观点，他将设计、生产、理性化的包装、运输和销售整个体系连接在一起。这一程序的目标是降低产品的最终价格。这尤其适用于出口，因为出口的运输成本很高。将装配和包装结合起来就可以让消费者带回家的家具是离开工厂时已经包装好的在同一个纸箱里的家具，而且是专门为这种运输的目标而设计的。工厂的图纸和包装的外观是整个设计理念的一部分。

在塔佩瓦拉的指导之下，Keravan Puuteollisuus公司在1945～1946年间开发生产了一系列的专为出口的家具产品。因为塔佩瓦拉既是工厂的主要设计师，又是工厂的商业指导，所以他负责这些产品的开发和销售。同时，他为很多出口杂志撰写文章，探索未来的家具出口问题，这对芬兰来讲非常重要。20世纪40年代末Keravan Puuteollisuus公司的家具在瑞典、英国和美国的市场上都十分受欢迎。

1946年多莫斯学院学生宿舍的建造使塔佩瓦拉获得了职业生涯中一个非常重要的设计项目。这一建造项目主要是为第二次世界大战后大量涌入赫尔辛基的大学生提供一个体面的居住和学习的场所，塔佩瓦拉负责设计室内和家具，这一项目使塔佩瓦拉在国内获得了极大的赞誉，从而进行了一系列家具的设计，这一项目也使塔佩瓦拉建立了与建筑师的联系，这在他其后的职业生涯中相当重要。

很明显，塔佩瓦拉因为生产厂家赋予了其一定的自主权利，而且因为他具有管理的，商业的、社会联系方面的技能，使他获得了其他设计师难以获得的成就。1951年，他和他的妻子——安尼克伊（Annikki）建立了他们自己的家具设计工作室。从那时候开始，塔佩瓦拉不再依赖于某一个单独的生产厂家，他所受到的工厂方面的束缚也相对小一些。

20世纪50年代早期是芬兰设计获得重要的国际性突破的时期，这种成功一直延续到60年代，这也使得北欧设计的影响力不断扩大。塔佩瓦拉个人在国际舞台上的首次登场是和这种形势紧密连接在一起的，同时他也促进了北欧设计的发展。在第二次世界大战以后，美国变成受到战争蹂躏的欧洲在文化和经济上的样板。在战败以后，芬兰发现自己遭遇了政治地位上的危机，面临着被西方欧洲国家排除在其政治体系之外的危险，这样一来，与美国的关系就变得非常重要。在工业艺术和设计的不同领域，为了获得广大的美国客户资源，就要与其在文化和出口方面建立紧密的联系，塔佩瓦拉在许多方面参与了这一活动。1949年他设计了纽约的芬兰剧院（Finland House）的室内设计，紧接着他的多莫斯椅（Domus Chair）又在美国获得了极大的成功，1950年，他又获得了美国优秀设计奖，并在芝加哥(Chicago)举办了个人展览。因为这一展览，他在美国的知名度极快地上升，在1952～1953年，他被聘请为伊利诺伊理工学院设计学院（the Institute of Design of the Illinois Institute of Technology）的访问教授，当时在IIT有许多重要的欧洲现代主义者任职，整个学校弥漫的是包豪斯思想的美国版本。尽管在芝加哥的这段时间很短，但是对塔佩瓦拉的设计观点产生了巨大的影响。

Pirkka凳和桌

在IIT期间，塔佩瓦拉担任产品设计系的主任，除了开始了解设计学院的教学目标之外，塔佩瓦拉也已经开始接触到最新的美国家具设计和生产技术。在这一阶段，他已经将原来的木制家具设计放在一边，开始在其椅子的框架上重点使用钢管，这些设计都来自美国的技术背景。塔佩瓦拉未来的作品清晰地展示了密斯式的简化的结构特征，强调长方形的外形。除了教学工作以外，1953年塔佩瓦拉还在芝加哥举办了一场个人作品展览。

1953年末，学院方面决定与他续签合同，但是他选择返回芬兰。这意味着他选择了作为一个设计师的独立的工作，而不是选择了这种浪费时间的教学工作。然而，他却从芝加哥获得了巨大的推动力。在他返回芬兰以后，他在很多文章中强调在设计师的教育中考虑工业化的重要性。在这方面，他认为芬兰的产品设计教育已经非常过时了。塔佩瓦拉将产品设计概念引入芬兰，认为产品设计包含的内容很广泛，其中包括家具设计。这些观点与他自己的设计实践的扩张是一致的。在20世纪50年代中期，塔佩瓦拉开始比以前探索更加深入的有关实用物体的通常的问题，他也强调设计师应该对当前的和未来的环境负有责任。他开始应用他在美国已经采用过的方法从两方面推动芬兰的设计发展。一方面，在解决通常的问题方面，设计教育应该更多地朝向包豪斯倡导的目标发展。而且要强调新包豪斯精神中的三维构造。另一方面，应该向学生介绍标准化生产和系列化生产的条件和优势。 1954年塔佩瓦拉再一次来到了美国，这次是因为一个名为北欧设计的重要展览，他成为了为北欧设计和在美国获得的商业上的成功作出贡献的几位设计师之一。这个展览在北美巡回展览了3年，它使得芬兰通过设计与北欧联系在一起，成为一个单独的文化区域。

塔佩瓦拉和美国的接触，以及在美国获得的成功，这主要是由于他自己的组织能力。在另一方面，他在米兰三年展上的成功就与芬兰在设计方面的政策和出口情况密切相关。1951年，芬兰第一次出现在米兰的设计展览，大获成功，在接下来的1954年、1957年和1961年也获得了大量的奖项。除了他们自己的产品的品质以外，这也与其精密的组织不无关系。例如，与非常有影响力的杂志"Domus"的密切合作。这个展览更多地是关注那些像花瓶和碗那样的更注重外形美观的物品，所以从这方面来看，塔佩瓦拉获得了金奖却是因为专门为系列生产而设计的实用物品——椅子，这就变得非常有趣。

在米兰三年展上获得的成功，1953年和1957年在坎图（Cantú）举办的国际室内设计大赛中获奖，以及在科隆家具博览会上的公开展示，所有这些都与塔佩瓦拉早年的工作分不开，尤其是那一段在美国芝加哥的工作经历，所有这些取得的成就使得塔佩瓦拉在20世纪50年代中期以后获得了巨大的国际声誉。芬兰在20世纪40年代末期处于国际设计领域的边缘位置，而塔佩瓦拉和其他的工业设计师一起在极短的时间内让芬兰设计受到了国际上的关注，并得到了承认，这真是一个奇迹。这导致了设计产品出口的不断增加，而其中以塔佩瓦拉为代表的家具工业在数量上占据了最大部分。这是一个成功的互相促进的关系，塔佩瓦拉的努力受到国家出口政策的支持，而国家也从塔佩瓦拉所获得的成就当中获益。

塔佩瓦拉的设计领域从20世纪50年代中期开始向外扩展，包括家庭用品设计和私人消费领域的产品设计，例如多功能的塑料船、不锈钢厨具、餐具、录音机和灯具等。在公共设计领域，塔佩瓦拉开始更多地涉足商业建筑的装饰设计，他是芬兰第一个引入〝设计管理〞这一概念的设计师。他之所以可以进行这种整体设计，不仅因为他有产品设计和图形设计的经验，而且因为他有商业和管理方面的经验，后一种技能使塔佩瓦拉终生获益。

塔佩瓦拉的大部分非常著名的设计都集中在20世纪50年代和60年代早期，在那之后，他的设计工作似乎突然停止了，到底是什么原因，到现在还是个谜，也许就像一些非常优秀的作家曾经写出过非常好的小说或者著作，但是后来就没有什么有名的作品问世一样，塔佩瓦拉也许是设计得多了，对自己的要求也越来越高，反而抑制了灵感的产生。当然在当时他的个人生活也出现了一些问题，使他难以集中精神进行设计工作，而他早期做的设计卖得也不是很好了。实际上在20世纪70年代塔佩瓦拉的事业处于一个非常低落的时期，他当时因为设计工作不顺利，所以想回赫尔辛基艺术与设计大学（TAIK）教书，但是却没有被批准，被TAIK拒绝对塔佩瓦拉来说是非常大的一个打击，因为他知道他完全胜任，但是就是因为政治的事情不能去那里教书。过了几年之后，TAIK又来邀请他去做老师，可是塔佩瓦拉那时已经太老了，而且他得了帕金森综合症，他的最后一个项目应该是在20世纪80年代初期，之后就没有什么工作了。1984年在赫尔辛基举办了塔佩瓦拉设计展，那时他70岁，在那之后他就基本不工作了，后来他的病情越来越严重，而且失去了记忆，不能说话。1999年塔佩瓦拉病逝于赫尔辛基，终年85岁。

回顾塔佩瓦拉的一生，他在其职业上获得的成就应该放在芬兰整个设计领域的大背景下来看，他将现代主义的设计方法与大批量系列化生产结合起来获得了巨大的商业成功，这一点在芬兰的设计史上是绝无仅有的。塔佩瓦拉在战后的芬兰设计界毫无疑问是一位非常重要的人物，他在那个年代获得了非凡的成功。他的椅子设计在国际展览上面获奖无数，他频繁地出现在设计杂志和媒体上面，他享受着公众所给予的像一个国家英雄般的崇敬与爱戴，直到今天，他的很多作品仍然受到大众的喜爱和追捧，而他为芬兰设计所做出的贡献也被芬兰人民所铭记。

■ Ilmari Tapiovaara英文简介

Ilmari Tapiovaara was born to a middle-class family of eight boys and three girls which, even then, was considered to be a large family. The father was very strict, while the mother was tender and encouraged all the children towards the fine arts and music. Two of Ilmari's older brothers became recognized artists: Tapio a painter, and Nyrki a theater critic and movie director. These two brothers guided Ilmari's first steps into the world of arts, even though he did not realized his inclination yet. Design was an unknown world then.

After graduating from the School for industrial Arts in 1937, Ilmari planned his first trip abroad. Tapio and Nyrki were going to Paris, and they encouraged Ilmari to join their brotherly party. That was an easy decision, but Ilmari wanted to see even more, and expanded his odyssey to include London and Berlin. The only problem was the lack of money; they all had to work their way through their travels. In London, Ilmari had some odd jobs working as a stage decoration assistant and arranging an Artek exhibition for Alvar Aalto's furniture. In Paris, he got lucky and had a short-term engagement with Le Corbusier's architectural office. The pay was little more than a meal a day, but the experience would affect his future career.

Ilmari Tapiovaara's final university turned out to be World War Ⅱ ,when Finland fought for its independence against the Soviet Union. Like most men, he spent five years at the front. For almost three years the war stabilized, and most of the fighting was against boredom! All kinds of activities had to be arranged, not the least of which was making good use of the country's best professional talents. Everyday goods were needed at the home front because most of the production was focused on awrfare material. There were skilled men, but they had only simple basic tools. The only raw material was wood.

Ilmari's duty was to be the commamder of the 5th Division Production Office. They first produced building parts but later on produced simple furniture for the Front and everyday utilities. Ilmari also designed private summerhouse and saunas for fellow officers and made plans for his future employer's production. After the war he worked at a mid-sized factory starting to produce furniture. He also wrote a continuing weekly saga that he sent to his two-year-old son, Timo. Against Ilmari emerged as a "Jack of All Trades."

After the war, the chair that was perhaps his most successful design, the "Domus" chair opened the way for international contacts and, finally, a professorship at the Institute of Technology in Chicago, in 1952—1953. Among his fellow professors at the Institute were two famous experts in the use of steel: Konrad Wachsmann and Mies van der Rohe. Althogh wood ramained Tapiovaara's favorite raw material, he made several successful steel constructions after his American period.

The most frenzied period of creation occurred after Chicago, when the family retured to Finland(despite some flattering offers to remain in American), and Ilmari started his own design studio that was the biggest in Finland for many years. He received three gold medals in the Milan Triannales, taught at the Institute of Design in Helsinki, designed interiors, spent four months in Paraguay doing design work for the United Nations, was the chairman for ORNAMO (the Finnish Designers Association), created interiors for airplanes, designed flatware, glass and textiles in addition to the furniture he designed. This went on for twenty-odd years, until the early 1970's when politics became an "important" part of the Finnish Design and affected everyone in the design community. "Anonymous Design" was introduced as a new ideal. The designer's name would not be used in the media. It would be democratic, with no more "Star Designers." If anyone, Tapiovaara was a star, but he was never a political person, not even in private conversations. When asked about his political standing he responded, "My political standing is shown in my work."

The sudden collapse of popularity and diminishing work assignments puzzled him, and also depressed him. The change in status was something he never really got over. He had a successful 70th anniversary exhibition at the Museum of Industrial Arts, but this rehabilitation came almost too late. I think what he would have liked best was to "die with his boots on."

■ CV

以下信息是基于Jarno Peltonen的作品，1984年，经Pekka Karvenmaa的修正和扩展。

伊玛里·塔佩瓦拉 (Ilmari Tapiovaara)

1914年7月9日出生于芬兰坦佩雷，室内建筑师，（SIO），RDI（皇家工业设计师，荣誉会员）。FRSA（特别会员，皇家艺术协会）

教育和学徒经历

1925～1930年	Hämeenlinna学校
1930～1932年	Hämeenlinna经济学院
1932年	Arvi A. karisto 出版公司，Hämeenlinna，在印刷车间学徒
1934～1937年	中央实用美术学校(今天的艺术与设计大学)，赫尔辛基，室内艺术系，被录取为家具绘图员。在此期间的学习、旅行和实践经历：1936年夏天，在伦敦Finmar有限公司学徒；1937年夏天，在伦敦电影制片厂学徒
1934～1935年	在芬兰家具工厂和木工作坊进行短期实习
1937年秋天	在巴黎勒·柯布西耶的建筑工作室实习两个月

战争期间的受雇佣服务情况及私人工作室

1938年	Kylmäkoski 家具工厂
1938～1941年	Asko家具有限公司，Lahti，艺术指导
1943～1944年	第二次世界大战，1941～1944年，中蔚，领导设计和建造前线住宅和其他建筑，第五分部生产办公室的主管
1941～1950年	Keravan Puuteollisuus公司（家具公司）Kerava，财政和艺术指导
1946年	瑞典马尔默Malmö Madrass-Fabriken DUX和瑞典Trelleborg，Kocks Snickerifabriken，4个月的时间学习托耐特蒸煮弯曲方法
1951～1971年	私人工作室，和妻子一起建立的Annikki and Ilmari Tapiovaara室内建筑师事务所，赫尔辛基
1972～1986年	Ilmari Tapiovaara设计工作室，Tapiola，Espoo

教学经历

1950～1953年	实用美术学院（今天的艺术与设计大学），赫尔辛基，室内建筑和家具设计系主管教师和指导，1950～1953年，1945～1980年曾在同一个系任教
1952～1953年	美国芝加哥伊利诺伊理工学院设计学院产品设计系助理教授和指导
1965～1969年	赫尔辛基理工大学建筑系室内设计系的特任教师

委托专家

1958年	ILO（国际劳工组织），委托咨询家具生产的发展，巴拉圭
1961~1964年	WCC（世界教堂理事会），顾问，日内瓦，1961年；莫斯科，1964年
1974~1975年	UNIDO（联合国工业发展组织），委托咨询出口家具的设计和生产，毛里求斯
1974~1976年	UNIDO，座谈会主席和设计顾问，开罗，1974年；前南斯拉夫，1976年
1976年	设计发展座谈会，香港
	参加在芬兰和国外的许多讨论会、讲座和担任设计竞赛的评委

在芬兰的设计竞赛

1936年	Riihimäki 玻璃工厂设计竞赛一等奖、阿斯科家具公司安乐椅设计竞赛一等奖
1937年	Kylmäkoski家具公司家具设计竞赛一等奖
1945年	Kalevala妇女协会系列家具设计竞赛一等奖
	OTK木材有限公司系列家具设计竞赛二等奖
	Stockmann有限公司灯具设计竞赛一等奖和两个二等奖
1946年	Arabia陶瓷工厂整套彩陶餐具设计竞赛一等奖
1951年	赫尔辛基理工大学学生住宅村，家具和室内设计竞赛一等奖
1956年	布鲁塞尔世贸会芬兰馆设计竞赛，和建筑师Keijo Petäjä一起获得二等奖

在国外的设计竞赛

1945年	瑞典Bröderna Lundqvist Ltd.，床设计竞赛二等奖
	瑞典AB Alga玩具公司玩具设计竞赛二等奖
1948年	纽约现代艺术博物馆低成本家具国际设计大赛进入工业化生产家具单元获奖名录
1951~1964年	参加米兰三年展，第四届、第五届、第六届、第七届和第八届共获6块金牌
1955年	意大利第一届Cantu国际家具设计竞赛三等奖
1957年	意大利第二届Cantu国际家具设计竞赛一等奖和三等奖
1953年	意大利Mariano Comense国际家具设计竞赛一等奖
1968年	意大利Mariano Comense国际家具设计竞赛（获邀请）获奖名录
1975年	意大利Brianza国际家具设计竞赛（获邀请）一等奖

获奖情况

1950年	芝加哥优秀设计奖
1959年	芬兰专业人士荣誉奖杯，AID
1960年	奖励，美国
1971年	芬兰国家设计奖
1990年	芬兰文化基金会荣誉奖

■塔佩瓦拉的
设计理念与风格

● 漫谈产品设计教育

秩序是构成美的元素之一。我听说过这样的说法，我们不需要在学校里教授哲学，只教授工业设计就可以了，这是绝对错误的。没有思想就没有设计。在需求、功能、造型、色彩和材料等方面，自然界是最好的设计师，也是最好的设计手册。迄今为止，人们从自然界中发现针对一些设计问题的解决方案都不太成功，抄袭的例子多于真正的新设计。为什么会这样呢？也许是因为直到20世纪科学才开始获得一些实质的进步，而且只在最近几十年，科学的进步才开始激发设计师的设计灵感。

雷昂纳多（Leonardo）是历史上最著名的，也许是最伟大的产品设计师。他之所以获得如此之大的成就，其秘密就在于他拥有有关

多莫斯椅

自然的丰厚的知识。雷昂纳多已经寻找到很多小的设计细节的解决方法，在面对新的设计任务时，对于产品设计中反复出现的问题，将可以发现其存在的最小的普遍因素。

在研究原材料的时候，我们应该更多地相信它存在着某种机会而不是诸多的限制。我们很羡慕小孩子不受任何限制的表达方式和想象力，这种精神应该灌输给那些学习设计的学生们，他们应该在最开始学习设计的时候就慢慢领悟这种精神。对于一个已经被称为设计师的人，而且已经被其风格所束缚的时候，没有什么比重新获得像孩童一样的表达方式更有益的了。20世纪50年代的产品设计的主要目的之一就是越来越多地运用三维表达方式，尽管这样，在二维空间中工作的需求也必须越来越严格。人造物体的设计可以在原始人的很多作品中看到，例如，爱斯基摩人的独木舟、澳大利亚人的回飞镖、苏格兰人的矛和盾等。

关于结构上的设计，很多成功的设计作品已经证实采用轻型材料效果很好，例如纸张、麦秆、绳、藤等，强度和耐久性并不互相抵触。没有有关原材料和工具的知识很难成为一名专业设计人员。与人类从最开始其角色就是生产者不同，自然界从最开始就使用系统化地复制来获得一种应用上的不受限制的自由，而不是单调和乏味。人们在自然界中已经发现了最小的普遍因素，这给了那些将系列化生产作为一种手段的人一种不受时间限制的、令人鼓舞的前景。设计和其教学现在站在一个十字路口上，一条路通向虚构的花园，另一条路通向永不停止的工作，在这里我们这些新的修路者们和其他的开创者并肩战斗。

因此，我们开发的课程应该是那些被昨天所熟悉的，被今天的需求所认可的，为明天而工作的。

• "椅子不仅仅是一个座具"它是室内装修方案的关键

一个人在社会中就是一个个体，因此观察社会的习俗和实践实际上就是每个个体的行为的外在表达方式，但是每个个体都试图在同时实现他自己个人的愿望。一件家具必须同时满足两个条件：它必须满足作为一件家具的需求，另外它还必须与周围的物体相协调。我多年来设计的椅子都努力遵循这两个设计原则，我设计的椅子必须总是椅子家族中"遵守纪律"的一员；如果不是这样的话，它就破坏了它所放置的环境的统一性。

Fanett椅

一个座具，一把椅子，是每一个家庭中的必需品。它是一个装饰协调房间的重要的一部分。当一个房间内有很多不同用途的椅子的时候，它们应该总是在整个装饰方案中彼此支持。几乎可以说椅子是连接室内其他装饰元素之间的桥梁。提起人们的两种不同的生活，我想可以分为家庭生活和户外生活。随着时代的发展，为这两种不同的生活所设计的家具显得越来越不同。这有可能会导致椅子的分类就变成两种——家庭室内椅和户外用椅。

一方面，家庭室内用椅子与人类的关系更为密切。另一方面，人类与那些努力不断更新椅子设计的设计师的关系更为密切，因此设计家庭室内用的椅子也许总是设计师的最喜欢的工作之一。而户外使用的椅子使设计师肩负着对于这个文化社会的某种责任，这可以用另外一种方式来解释。在家

Kiki 三人沙发

庭之外，人们常常是人群中的一员，按照一定的规则和条例来生活，它的行为和活动必须是系统的和受到指引的，否则就会产生混乱，因此说一把椅子，或者更准确地说，为大众设计的一组椅子必须帮助对这种系统的行为的认可，这就要求设计师必须拥有有关大众行为的丰厚的知识。事实上其目的就是为了通过一种物品引导一种直接的、富有成效的人类的行为。

使用Kiki椅的会议室

很明显，当设计师试图以一种方法来促使一个个体遵守规则，就必须在家庭室内用家具中提供一种个性化的表现和认可，这对于每一个家庭室内装饰师来说也是非常重要的。为了可以在家庭生活中获得放松，不受社会强加给他的一些规则的束缚，人们就十分强调在家庭中的舒适和自由，因此我认为椅子在整个室内装修方案中起到一个非常重要的作用。椅子是一个连锁反应的开始，如果一个人在一个正确的轨道上，这种反应会帮助室内装修方案中的其他阶段。

■ 塔佩瓦拉的
经典作品分析

1.多莫斯椅（Domus Chair）/1946年

材料：实木，胶合板

1946年，多莫斯学院学生宿舍开始建造，这一项目主要是为二战后大量涌入赫尔辛基的大学生提供一个体面的居住和学习的场所，多莫斯椅就是为这一建造项目设计的。

多莫斯椅

这一项目的家具的主要要求是优化使用空间，多用途、轻型、卫生、舒适、可以堆叠，并且要避免一种宿舍家具的外观。从整个多莫斯项目的一开始，一件多功能椅就成为了一种基本的设计单元。这把椅子主要是一把学生房间中的阅读椅，当然还有其他的一些普遍的用途。塔佩瓦拉选择了实木和胶合板相结合的方式，与身体的重量关系紧密的部分由胶合板制成，实木零件部分是直线形的，用螺钉和槽结合在一起，胶合板与框架也用螺钉接合在一起，这个螺钉是可见的，端部下沉。

不同材料的多莫斯椅

其短小的扶手是为了让人更加舒适，但是又不会使用者坐下和站起来的时候感到碍手碍脚，而且当这些椅子堆叠起来的时候，这些扶手又变成了支撑。

塔佩瓦拉曾经多次说过，他非常欣赏阿尔托在20世纪30年代的设计，在家具中使用胶合板制成一种弯曲的单板胶合的框架。阿尔托椅子当中的胶合板只是二维弯曲，保持着片状的外形，多莫斯椅子中的座面是三维弯曲，这是为了符合使用者身体的轮廓。除了创新地使用胶合板，使用方便和舒适，多莫斯椅也满足了塔佩瓦拉对于装配、包装和广泛的市场潜力的需求。这把椅子出口，运送到销售商那里的时候，纸板箱里装着10把椅子的零件，尽管纸板箱本身的尺寸只有

堆叠的多莫斯椅

81cm×55cm×33cm，这种解决方案因为降低了运输成本在产品价格中的份额而大大提高了产品的出口总量。

座面覆有毛皮的多莫斯椅

在芬兰，多莫斯椅作为一个在公共场所中使用的通用的椅子是相当成功的，它经常被用在学校、视听室和会议室。它的可堆叠性使它可以5个一排连在一起，也可以一个放在另一个上面。多莫斯椅在国际上获得的成功在芬兰是空前的，它几乎达到了阿尔托的椅子以前在英国和美国的地位。然而，阿尔托和阿泰克（Artek）公司并没有解决在面对大批客户的时候的定价和运输问题，而塔佩瓦拉却成功地解决了这个问题。

这件家具尽管是作为一个大型的室内设计项目的一部分，而且处于当时芬兰资源极其缺乏的时候，但是它逐渐脱离了原来的设计情境，成为一把在国际市场上非常成功的真正的多功能椅。因此，多莫斯椅是塔佩瓦拉在20世纪40年代中期所获得的所有经验的一个综合，他也是通过这一专门的委托任务对这种经验进行应用，使其达到一种扩大的可能性。

多莫斯休闲椅

2.Fanett椅（Mademoiselle Chair）/1955年

材料：实木，胶合板

这把椅子1955年由阿斯科公司进行生产，由被漆成黑色的桦木制成，胶合板座面。这把椅子的原型是温莎椅，这是塔佩瓦拉的一个重要的改革传统的设计，将传统温莎椅的仿锤形靠背的扇状外形变成了圆锥形，在靠背两侧的两个直立的支撑件穿入胶合板座面，固定在座面下面的一块实木零件上面，而后腿同样也固定在这一零件上，这样就可以在重量最轻的情况下给予最好的支撑，稳定性很高。在塔佩瓦拉的所有椅子设计当中，毫无疑问这把Fanett椅卖得最好，其总生产数量超过了50万件。

塔佩瓦拉从20世纪30~70年代都致力于对传统的改造。1939年，他就设计了一把纺锤形靠背的多功能椅，而在设计多莫斯椅时，他最初也想将其设计成此种造型，这种纺锤形靠背的椅子是芬兰本地传统椅子的重要组成部分，塔佩瓦拉将其重新阐释，使其适应第二次世界大战后社会的家居文化。它是现代的，但是同时也是人们所熟悉的形式。

Fanett椅

Fanett摇椅

最初Fanett椅由瑞典一家公司在1949年开始投入生产，1955年，芬兰的阿斯科公司购买了这把椅子的生产权，开始在芬兰投入生产，到了20世纪50年代末期，塔佩瓦拉还为这把椅子增加了扶手。1963年，塔佩瓦拉又在基本的设计原则基础上，设计了Fanett椅的摇椅版本，在4条腿下面加上一个弯曲的实木零件，这把椅子就变成了摇椅，有粉色、黑色和白色不同的版本，外形十分优雅，深受消费者的喜爱。

不同颜色的Fanett摇椅

3.Lukki椅/1951年

Lukki 5号椅

材料：金属管，胶合板

第二次世界大战后，塔佩瓦拉的大部分家具设计作品都是采用木材制成的，事实上这并非因为塔佩瓦拉只钟情于木材，实在是因为没有别的材料可以选择。而到了20世纪50年代初期，即使是在家具行业，金属这种材料也已经可以比较容易地获得了。

在奥黛涅亚米（Otaniemi）学生住宅这个项目中，塔佩瓦拉设计了这把Lukki椅，Lukki椅是塔佩瓦拉长期深入地开发研究采用金属管和胶合板制成的多功

用钢管制成的Lukki 椅

能椅子的一个开始。Lukki椅的外形与多莫斯椅非常相似，但是因为使用了被漆成黑色的金属材料，所以可以很容易地制成这种连续的、弯曲的框架。金属给人一种冰冷的触感，所以塔佩瓦拉在扶手位置加上了一个塑料的零件。Lukki椅的表面材料也有多个版本，基本的版本是胶合板座面，也有的版本是皮革座面，胶合板扶手。

Lukki椅是为Lukkiseppo公司设计的，这是一家小型的工厂，愿意进行一些家具方面的试验。Lukki椅的框架采用焊接的方式进行接合，它用金属这种材料实现了塔佩瓦拉参加MOMA设计竞赛的时候未能实现的设计想法。钢管的框架使得椅子外观十分简单、坚固、具有弹性，这非常符合20世纪50年代的设计美学，那就是轻巧和日式的简化形式。Lukki椅可以非常方便地进行堆叠，非常节省空间，这一设计理念与多莫斯椅相同。

3年后，也就是1954年，塔佩瓦拉将原来的椅子腿形状进行了修改，更改为X形，整把椅子的外形显得更为轻巧稳定，被称为LukkiX椅。1970年，塔佩瓦拉还专门为学校设计了一款Lukki椅，座面和靠背采用玻璃纤维塑料制成，在椅子前面有可以翻起和折叠放下的小桌板，方便学生使用。

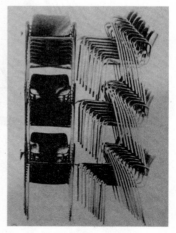

堆叠放置的Lukki 椅

4.Nana椅/1956年

材料：金属管，胶合板

Nana椅与Lukki椅的材料和构造很类似，但是更加精致，也更加简单。Nana椅是继10年前塔佩瓦拉设计多莫斯椅之后，再一次获得了国际上的成功，1958年它成为美国诺尔国际销售公司的销售产品。Nana椅仍然是基于可以拆装的设计原理，它不仅可以像其他的塔佩瓦拉设计的多功能椅子那样垂直堆叠，而且它还可以水平堆叠，当这些椅子水平排成一排的时候，可以将其中一个放置在另一个上面。

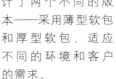
Nana 椅

和多莫斯椅子一样，Nana椅也有一系列的不同的变体，其中最重要的类型就是视听椅。这些Nana椅被连接成排，座面可以向上翻起，这些椅子的框架、接合方式、合页部分和连接方案都是以用金属制造的方案进行设计。这把椅子的框架和像单片板一样的座面和靠背形成了一个轻巧的和具有弹性的整体形象，其外形和细节都避免使用直角，框架通常被漆成黑色，这样就不会引人注意，而且不会产生光的折射。这些成排的椅子可以用一个柱子将其固定在地板上。

Nana 椅背面

Nana椅也可以放置在剧场中使用，为使观众感到更加舒适，塔佩瓦拉在座面材料上设计了两个不同的版本——采用薄型软包和厚型软包，适应不同的环境和客户的需求。

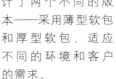
垂直堆叠的Nana 椅

值得一提的是，现在闻名世界的芬兰设计大师艾罗·阿尼奥（Eero Aarnio）在20世纪50年代的时候曾经在塔佩瓦拉的设计工作室工作，为塔佩瓦拉绘制图纸，Nana椅的很多图纸就是由他帮助绘制完成的。20世纪60年代初期，阿尼奥开始在芬兰崭露头角，逐渐成为一名著名的独立设计师。

堆叠的Nana 椅

水平堆叠的Nana 椅

5.Pirkka椅/1955年

材料：实木

Pirkka系列家具是塔佩瓦拉1955~1962年的作品，这一设计理念取自芬兰本地的传统家具，塔佩瓦拉又融合了其早年的有关低成本的可拆装家具的设计经验。Pirkka椅与同一时期设计的Nana椅主要在公共空间使用不同，它主要为中小户型的家庭而设计，塔佩瓦拉宣称它是"农民风格的椅子"，Pirkka椅虽然是用实木制成，但是很轻巧，四条腿都向外撇，使构造更加稳定。

Pirkka椅

Pirkka椅是塔佩瓦拉为Laukaan Puu家具公司和Asko家具公司设计的，这是一把在本地家具的基础上进行修改后的版本。其设计的主题是采用大块的、水平的零件与纤细的垂直和倾斜的支撑零件相结合，垂直的和倾斜的支撑零件彼此之间，以及和座面之间，都采用木销接合，伊姆斯（Eames）曾将这种结构应用在钢结构的家具上面。

Pirkka椅和凳

这是以一种简单的、来源于本地的基本的设计理念，并且采用先进的技术手段来实现的作品的典范。应用来源于本地的设计主题即使在芬兰20世纪50年代中期也很少见，这一设计没有简单地重复其设计原型的细节，而是采用当时典型的解决办法，目的是最大限度地减少所使用的木材。

基于同样的设计理念，塔佩瓦拉还设计了Pirkka凳，凳面也是由两块实木采用木销连接而成，这件家具是为人们洗完桑拿后休息时使用。这款凳子出口时的名称为"芬兰凳（Finnstool）"，它和其他Pirkka系列家具一样，制作时不需要任何螺钉，这是一个创造性的结构。

Pirkka椅和桌

另外一种变体是 Pirkka吧凳，这是塔佩瓦拉1959年设计的，它的座面较高，符合人体工程学的原则，为方便使用者的使用，在凳子下方设置有脚撑。

Pirkka凳和桌

6.Aslak椅/1958年

材料：胶合板

Aslak椅是塔佩瓦拉为位于芬兰中部城市于韦斯屈莱（Jyvaskylä）的Wilh. Schauman公司设计的，这是一家在世界胶合板生产方面具有领先地位的工厂，而且掌握了相关的具有创新性的技术。

Aslak椅是从1958年开始设计的，多功能椅是基于多莫斯主题的一个更加深入细致的版本，同时也延续了通过Lukki椅所实现的一些设计理念。现在塔佩瓦拉已经可以用木材实现这种后腿和扶手在外形和结构上的连续性的想法了，这一想法早在1946年就已经产生，但是当时只停留在图纸上，1951年塔佩瓦拉用金属实现了这一想法，现在终于因为单板胶合弯曲这种新的工艺的产生，在木材上实现了这一设计。

Aslak椅被大量生产，这一弯曲的连续的支撑件是从一整张采用单板弯曲胶合技术制成的部件上按照需要的宽度切割下来的。Aslak椅还有3条腿的另外一个版本。

Aslak椅

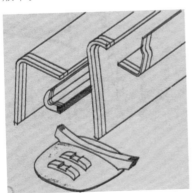

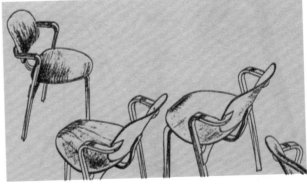

7.Wilhelmiina椅/1959年

材料：胶合板

　　1959年，塔佩瓦拉继续与Wilh. Schauman公司合作，设计了一系列名为"Wilhelmiina"的多功能椅。

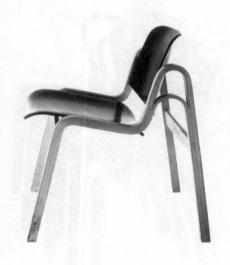

Wilhelmiina椅

　　这一系列椅子常被描述为实现了塔佩瓦拉在20世纪30年代的使用弯曲的木材、胶合板、多功能、易包装的这几个目标的一个典范。这把椅子不仅在芬兰而且在国际上都取得了很大的成功。在这一设计之后，塔佩瓦拉不再应用上述的原则进行设计，Wilhelmiina椅是塔佩瓦拉最后一把应用弯曲技术进行设计制作的椅子。

　　在这一设计中，座面和靠背由胶合板制成，它们被尽可能简单地连接在完全由单板胶合弯曲工艺制成的框架零件上面，两侧的框架零件是两个互相平行的、连续的胶合弯曲部件，用两个水平的零件进行加固，这一连续的、弯曲的支撑件既是椅子的腿，又为座面和靠背提供支撑，而其双曲线的设计主要是考虑在堆叠时的支撑问题，这一设计之所以可以实现，是因为一种新的"Fontana弯曲"工艺的出现。

这一系列椅子的基本版本是采用胶合板的座面和靠背，也有的版本使用软垫。

　　Wilhelmiina多功能椅的构造十分轻巧、简单，它使塔佩瓦拉再一次在木制椅子的设计上获得了成功。1960年，这把椅子参加了科隆国际家具展览，凭借其创造性的框架结构和极好的可堆叠性获得了设计金奖。

　　随后塔佩瓦拉也发现了Wilhelmiina椅的一个缺陷，那就是它的4条腿向外撇，虽然这使得整个椅子具有一种稳定感，但是这样一来不仅会占据更多的使用空间，而且经常会把人绊倒，所以，1969年塔佩瓦拉又设计了一个版本，将4条腿设计成垂直于地面，很好地解决了这个问题。

8.Dumbo椅/1956年

材料：金属管，玻璃纤维

木材和钢材本身并不能算是新材料，只是塔佩瓦拉采用了一种创新性的手段来使用它们，而玻璃纤维才是真正的新材料，在20世纪40年代初，美国的战争工业使这种材料的发展得到巨大的推动。伊姆斯（Eames）和沙里宁(Saarinen)开始在家具中应用这种材料，尤其是用在椅子上，获得了举世瞩目的成功。塔佩瓦拉是在20世纪40年代末，20世纪50年代初第一次了解到美国设计同行们的这些成就，塑料的这种高度的可塑性实现了他多年以来的想法——连续的、三维弯曲的座面和靠背。

Dumbo椅

弯曲的胶合板，当压成三维形状的时候，由于其本身性质的局限性，会在弯曲到一定程度的时候断裂。在20世纪40年代，突破胶合板的这种限制曾经是几位设计师的试验主题，包括伊姆斯、塔佩瓦拉和丹麦的威格纳，但是都没有获得成功。很明显，要想获得一个连续的、碗形的、座面、靠背和扶手连成一体的椅子，必须要使用一种人工合成材料。

塑料在20世纪50年代初被引入芬兰，Lukki椅的扶手就是用螺旋塑料包覆的，而属于同一系列的凳子的座面采用的是透明的硬质塑料。然而，这一时期的塑料还不能被浇铸成想要的那种形式，塔佩瓦拉考虑了很久，如何可以制作出那种连续的可塑性的外形。一直到了1956年，塔佩瓦拉才有机会能够用这种昂贵的、费时的玻璃纤维生产工艺来进行试验，最终设计制作出了Dumbo椅。

Dumbo椅没有覆面，最初是为一家室内游泳馆的休息区域设计的，这把椅子并没有进行大批量生产，而且也从未获得象塔佩瓦拉用其他材料制成的椅子那样的成功。但是，在Domus椅、Lukki椅、Aslak椅中分离的座面和靠背，在这把椅子上面终于可以连成一体了，形成了一个流动的、自由的外形。

然而，玻璃纤维工艺需要大量的手工劳动，因此并不符合塔佩瓦拉系列化大批量生产和低成本的要求，不久，一个机会的到来使他实现了这一目标，那就是用强化塑料替代玻璃纤维。

9.LuLu椅（Marski椅）/1960年

材料：实木或金属管，玻璃纤维，软包

1958年，塔佩瓦拉接受了一个设计委托任务，为将要在赫尔辛基市中心建造的一家高级旅馆——Marski旅馆进行室内和家具设计，这里的家具包括一把可以在参观大厅和旅馆房间里都能使用的多功能椅子，就是后来被称为LuLu椅的作品。

LuLu椅是在Dumbo椅的基础上发展而来的，正如前面所述，因为有了塑料，所以就可以制作出这种外形连续的、在功能上符合人体工程学的、具有可塑性的椅子，而且还具有所有塔佩瓦拉以前设计的椅子的那些特点：系列化大批量生产，可以堆叠。

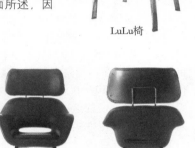

LuLu椅

这家Marski旅馆在1961年正式对外营业，这把椅子也得以向公众进行展示，这把椅子的腿部支撑是用木材或者金属制成的，而连续的座面和靠背由原来的玻璃纤维塑料改为铸塑材料。为增加使用者的舒适感，塔佩瓦拉还在椅子靠背上方增加了一个让脖子得到放松和休息的软垫。

带有搭脑的LuLu椅

尽管这个设计同样被认为很成功，但是却从来没有像塔佩瓦拉设想的那样低成本，让普通人也可以买得起。这是因为与塑料相关的技术都很昂贵，而且它还不得不和那些在20世纪50年代末期就已经投放到市场的塑料多功能椅子进行竞争。所以可以说，这把椅子在材料使用和美学设计方面获得了成功，但是在系列化大批量生产或者在出口方面却是失败的。在这之后，塔佩瓦拉就将塑料作为家具框架材料的这种想法搁置了起来。

Marski旅馆大厅

10.Kiki椅/1959年

材料：镀铬钢管，胶合板，塑料

这一设计表现了塔佩瓦拉对于镀铬钢管的一种回归。在20世纪50年代末，塔佩瓦拉采用3种材料设计多功能椅并试图解决其中遇到的问题：木材（如Wilhelmiina椅），塑料（如LuLu椅）和金属（就是这把Kiki椅）。塔佩瓦拉从1959年开始设计这把椅子，第二年投产，1960年则获得了米兰三年展的金奖。

Kiki椅的框架是金属管，镀铬之后变得闪闪发光，这与Lukki椅和Nana椅将金属管涂成黑色的做法完全不同。镀铬钢管这种材料是现代主义设计师从20世纪20年代起就开始使用的材料，塔佩瓦拉在早些时候曾经将其作为木材的一种替代物，而现在他又重新使用这种材料，并且获得了巨大的成功。

Kiki椅的外形是立方体造型的，水平和垂直零件之间都是直角，而且零件都是标准化的，与Nana椅和Wilhelmiina椅的倾斜的、柔和的曲线造型完全不同，长方形和椅座和靠背都是用塑料泡沫进行包覆。

Kiki椅很明显是遵循了构成主义的设计原则，因为使用了直角使整个外形十分清晰，这把椅子成为许多建筑师在其设计的公共建筑中最喜欢选择使用的家具。Kiki椅同样可以连接在一起，可以堆叠，成为了一把非常流行的多功能椅。

在当时的国际背景下，这一设计十分符合由密斯塑造的现代主义的美国版本所倡导的设计美学，因此十分受到美国大公司的喜爱，成为当时非常流行的办公家具。在芬兰20世纪60年代初，构成主义设计作品又开始像20年代初一样流行起来，这把镀铬钢管制成的椅子与20年代密斯、斯坦姆和勒·柯布西耶的作品十分相像。

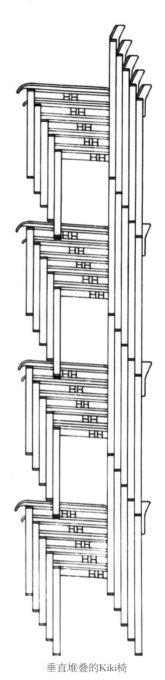

垂直堆叠的Kiki椅

Kiki三人沙发

Kiki椅

使用Kiki椅的会议室

Kiki凳

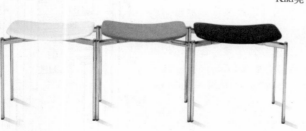

■ 塔佩瓦拉的
相关采访

● 追寻大师的成功之路

——专访芬兰家具设计大师伊玛里·塔佩瓦拉之子蒂蒙·塔佩瓦拉

蒂蒙·塔佩瓦拉（Timo Tapiovaara），1941年出生，室内建筑师，是伊玛里·塔佩瓦拉的长子，现居住在赫尔辛基市旁边的一个城市Hämeenlinna，已经退休。谈起他父亲的童年时代，蒂蒙回忆说："我父亲出生在一个大家庭里面，即使是那个时代，仍然算是一个大家庭，11个孩子。我的祖母在很年轻的时候就去世了，当时最小的孩子才5岁，我祖父工作非常忙碌，特殊的家庭环境加深了兄弟姐妹之间的感情。第二次世界大战后，我父亲完成高中学业之

蒂蒙·塔佩瓦拉

后，就选择了一所经济管理学校，想学习一些实际的知识，他当时很小，才16岁左右，可能自己也不是很清楚应该做些什么，但是实际上这种商业方面的培训对其后来在家具企业管理方面的才能的展现奠定了基础。我想我父亲后来选择中央实用美术学校，可能是因为他的哥

哥塔皮奥·塔佩瓦拉（Tapio Tapiovaara）的建议，因为塔皮奥当时的画已经非常有名，经常会为一些海报作画，塔皮奥当时已经在赫尔辛基待了两年了，我父亲当时可能还没有确定是学习家具，只是觉得应该来这里学习，但是很快他就找到了自己的方向，决定要成为一名家具设计师，当时还没有室内建筑师这个称呼，当时被称为绘图员。"

1930年左右，在芬兰的建筑界已经开始明显受到了包豪斯和柯布西耶的实用主义的现代设计的影响，在芬兰的代表人物是阿尔瓦·阿尔托，他的家具设计对于伊玛里·塔佩瓦拉职业生涯的早期阶段特别重要。蒂蒙说："阿尔托成功地将现代主义的造型和空间的观点与芬兰本地的原材料和以木质材料为基础的生产融合在一起，这种建立在现代技术和芬兰木材基础上的大批量的系列化的生产，是我父亲开始他职业生涯的时候所追求的核心目标。而另外一位对阿尔托产生重要影响的老师就是沃纳·维斯特（Werner West），沃纳·维斯特是包豪斯的坚决支持者，沃纳·维斯特向学生们引入木制家具系列化生产，沃纳·维斯特对我父亲其后的设计观念的形成产生了重要的影响。我父亲的学生时代正是现代主义盛行的时代，而他的整个职业生涯最重要的一个方面就是推动了芬兰的现代主义设计的发展。当他还是一个学生的时候，他的目标就是通过系列生产的现代家具来提高普通大众的生活环境的品质。"

在第二次世界大战期间，伊玛里·塔佩瓦拉在前线区域生产办公室工作，主要负责指导建筑和室内用品的设计和建造任务。当时要面临的问题有两个，首先是唯一可以获得的原材料就是周围的森林，另外一个就是应该给这些建造物一个什么样的外形的问题。蒂蒙说："在建筑方面，他们主要采用了原木建造技术，利用极其有限的可以得到的工具，每年建造了40多栋新的房子。可以毫不夸张地说，战争期间在极端艰苦条件下的设计和建造经历不仅提高了我父亲在规划方面的技能，而且提高了他在策略方面的技能。从这方面来讲，战争年代对于他来说并没有浪费时间，反而增加了其职业方面的竞争力。但是我后来从未听过他讲述那时的事情，因为战争阶段对他们而言是非常艰难的一个时期，我想他只是想忘记那一个痛苦的阶段。"

第二次世界大战后，伊玛里·塔佩瓦拉又重新获得了很多设计工作，他的设计才华使其在芬兰设计界逐渐获得了大家的认可。蒂蒙回忆说："1949年，我父亲设计了纽约的芬兰剧院（Finland House）的室内，紧接着他的多莫斯椅又在美国获得了极大的成功。而在1947~1948年他参加了由纽约现代艺术博物馆举办的国际低成本家具设计竞赛，他的参赛作品都是一些直线条或者曲线条的木材构造的椅子，上面包覆着织物或者皮革，金属弹簧。他的作品被归入最高的等级，进行了展示，从获得国际的声誉和影响力这一方面来讲，参加这种竞赛非常重要。在参加这一竞赛之后，我父亲在1950年又获得了美国优秀设计奖，并在芝加哥举办了个人作品展览。因为这一展览，他在美国的知名度极快地上升。在1952~1953年，他被聘请为伊利诺伊理工学院设计学院（Institute of Design of the Illinois Institute of Technology）的访问教授。除了教学工作以外，塔佩瓦拉1953年还在芝加哥举办了一场个人作品展览。1954年他再一次来到了美国，这次是因为一个名为北欧设计的重要的展览。他成为了为北欧设计和它在美国获得的商业上的成功做出贡献的几位设计师之一。这个展览在北美巡回展示了3年，它使得芬兰通过设计与北欧联系在一起，成为一个单独的文化区域。从芬兰的西部地位来讲，这一时间尤其重要。"

塔佩瓦拉大部分非常著名的设计都集中在20世纪50年代和60年代初，在那之后，似乎突然停止了，谈起其中的原因，蒂蒙说："这个很难回答，事实上我也不知道到底发生了什么，也许就像一些非常优秀的作家曾经写出过非常好的小说或者著作，但是后来就没有什么有名的作品问世一样，也许设计得多了，对自己的要求也越来越高，反而抑制了灵感的产生，当然在当时他的个人生活也出现了一些问题，使他难以集中精神进行设计工作，而他早期做的设计卖得也不是很好了。

一些文章评论塔佩瓦拉不像凯·弗兰克（Kaj Franck）和塔皮奥·威克拉（Tapio Wikkela）是一个天才的设计师，之所以能够获得成功是因为孜孜不倦的努力，对此蒂蒙说："我认为我父亲是一个非常好的设计师，也许他的设计并不像塔皮奥·威克拉（Tapio Wikkela）那样具有雕塑感，我父亲的设计是为了大批量生产，而不是为了设计一种艺术品，主要考虑的是强度、经济性。他设计的椅子可以使用很多年，一个最好的例子就是为学生餐厅设计的椅子，你知道学生使用的椅子经常是不当使用，所以需要格外地结实，而他们相信我父亲设计的椅子可以满足这种需求，他也非常擅长做这种事情，而大批量生产系统是一个非常复杂的系统，你需要协调处理不同的生产程序，将其和谐地放在一起，这是一个链，如果某一环出现了问题，就会影响到整个生产过程，

作者和蒂蒙·塔佩瓦拉

所以需要考虑很多问题，他所继承的仍然是强烈的包豪斯风格，功能性始终放在首位。"

谈起父亲对自己的人生所产生的影响，蒂蒙说："我想最大的影响就是我可以了解他思考的方式，我认为他的思考方式对于设计来说是正确的思考方式，当我自己做设计的时候，我不是为了展览而设计，为博物馆而设计，而是为了可以大规模生产而设计，我尽可能地将设计做得简单，首先考虑的是如何方便地进行生产，第二位才会考虑如何将其做得美观，我努力追随他的设计方法。"

2

Yrjö Kukkapuro
约里奥·库卡波罗

■库卡波罗的
设计经历

约里奥·库卡波罗（Yrjö Kukkapuro）是芬兰乃至世界最重要的也是最多产的设计大师之一，在国际设计界享有崇高声誉。在他至今已50多年的设计生涯里，他的设计涉及家具、室内、建筑、展览等多个领域，创造出了众多经典的作品，其简洁、秀美、注重功能和形式完美统一的设计风格已经成为当代北欧设计风格的典范。

家庭

库卡波罗1933年4月6日出生于芬兰的维堡（Wyborg）。库卡波罗一直认为儿时在纯朴的乡村生活的经历是他的设计之源。芬兰优美的自然风光，朴素实用的木建筑、木家具，以及人们自己动手制作各种生活物品的习惯，这些都对库卡波罗之后的设计理念和风格产生了重要的影响。库卡波罗是家中的长子，虽然他是家族中唯一一个以艺术和设计为终身职业的人，但家庭的氛围对他艺术兴趣的产生还是起了很大作用。他的父亲是当地一名优秀的油漆匠，但却非常喜欢摄影。母亲则是一位出色的裁缝，主要设计和制作男士服装。母亲的工作室就在家里，库卡波罗喜欢自己动手制作物品的兴趣显然也是受母亲的影响。

库卡波罗从小就喜欢用各种工具自己制作物品，用刀雕刻木制品，在父亲造船时帮父亲做些船上的雕刻，他甚至还自己制作小提琴。在回忆自己的设计生涯时，库卡波罗就说过"动手制作对于我来说，始终是再自然不过的事情，也是我做所有事情的基础"

求学经历

库卡波罗对艺术有着天生的敏感，尤其在绘画上表现出了不同寻常的天赋。中学毕业的时候，在老师的建议下，1951～1952年，库卡波罗到伊梅塔拉艺术学校（Imatra Draft School）开始学习绘画。后来一位从赫尔辛基来的老师发现库卡波罗在绘画方面的才华，就建议他到赫尔辛基工艺与设计学院（**Institute of Crafts and Design**）继续深造，学习平面设计。当时的库卡波罗也坚信这会是他一次正确而重要的人生选择。正当他信心百倍地准备参加赫尔辛基的工艺与设计学院平面设计系的考试时，库卡波罗应征入伍服役，他今后的事业选择因此而发生了变化。服役期间库卡波罗结识了同样也在赫尔辛基的工艺与设计学院学习的潘蒂·郝洛潘宁（**Pentti Holopainen**）。在潘蒂的引荐下，库卡波罗到了保罗·伯曼（**Paul Boman**）家具工厂为当时的总设计师伊凡·库里得亚泽（**Ivan Kudrijazew**）作助手。正是这次工作的经历，为年轻的库卡波罗打开了新的一扇窗。库卡波罗立刻发现家具设计与制作才是自己所希望从事的事业。在家具厂短期的工作中，库卡波罗不仅参与了家具的生产制作，还帮助绘制了大量的家具技术图纸，这为他之后的设计打下了很好的专业基础。

结束了工厂的工作之后，库卡波罗已经下决心从平面设计转向家具设计，他报考了赫尔辛基工艺与设计学院（现代阿尔托大学艺术与设计学院的前身）的室内艺术与家具设计系，在70名考生参加的考试中，库卡波罗成为最终被录取的8个学生之一。库卡波罗的学生生涯非常的顺利并成功。几位出色的教

1955年学生时代的库卡波罗与同学

师对年轻的库卡波罗产生了很大的影响，其中对其最重要的老师应属伊玛里·塔佩瓦拉。塔佩瓦拉是第二次世界大战后芬兰设计界举足轻重的人物之一，他不仅创作出了无数至今仍被视为经典的作品，还为芬兰现代设计及设计教育的发展做出了巨大的贡献。他将来自于包豪斯的现代设计的一些基本思维和方法引入到当时芬兰的设计教育之中，他所教授的"艺术构成通论"课程给库卡波罗留下了深刻印象，至今仍记忆犹新。另一位对库卡波罗产生重要影响的老师则是奥利.伯格（**Olli Borg**）（1918~1982年）。在塔佩瓦拉之后，奥利·伯格成为学校教学的领头人。他将学校的整个教学系统和课程设置都进行了改进，将家具设计和室内设计结合在一起的整体化的教学模式使库卡波罗从中受益匪浅。也正是从奥利·伯格那里，库卡波罗学习到了人体工程学的设计方法，为其之后家具的人体工程设计奠定了良好的基础。

事业起步

库卡波罗早在学生时期就动手设计并在学校的工房利用有限的设备工具制作了许多的家具作品。当时芬兰的设计界，设计竞赛成为促进芬兰现代设计发展的重要因素之一。库卡波罗也参加了很多竞赛，并在许多比赛中荣获头奖。当时很多生产企业也常常从设计竞赛的优秀作品中选择设计进行生产。在库卡波罗从事专业学习的第二年开始，他参加设计竞赛的获奖作品就开始陆续被选中投入实际生产。因此在20世纪50年代中期，还作为学生的库卡波罗就已经被许多人所熟知，他的作品会经常出现在报纸杂志上，也引起了当时许多知名设计师的注意。

库卡波罗与他设计的阅读椅

1957年一个名为"未来之家"（The Home of the Future）的展览在赫尔辛基举行，著名的室内建筑师安蒂·诺米奈米（Antti Nurmesniemi）是展览的总设计师。安蒂希望为展览选择一些座椅，他也听说还是二年级学生的库卡波罗自己做了许多座椅，于是安蒂最终选择了库卡波罗设计的阅读椅作为"未来之家"展览的休闲椅，这次展览是库卡波罗的设计作品在公众展览的首次亮相。这把椅子与20世纪50年代流行的椅子的风格截然不同，那时的椅子常常是带有厚重软包的八字形腿的椅子，而库卡波罗的这件设计则具有明显的现代主义及注重功能化的设计风格。这件作品一经展出就迅速引起了广泛的关注，库卡波罗也收到了大量的订单。正是这样一次看似偶然的选择，成为了库卡波罗事业的重要开端。库卡波罗的极富现代感的设计在当时恰恰代表了现代设计发展的潮流，也因而很快确立了自己在设计界的声望。

20世纪50年代，芬兰从战争复苏中正在向经济的繁荣迈进，房屋建造发展的速度很快，在这样的大背景下，室内设计及家具设计也得到了前所未有的发展。库卡波罗也认为20世纪50年代是芬兰的设计、设计师、市场发展的黄金时期。设计师的设计开始得到了生产厂商和市场的认可，家具进入到了工业化的生产领域。20世纪50年代末库卡波罗的"现代系列"（Moderno Collection）也是适应于批量化工业生产的现代设计。

赢得国际声誉的设计

　　20世纪60年代初开始，库卡波罗更积极地参与各种展览，并在芬兰举办自己的个人作品展览。同时他还获得了许多设计竞赛的奖项和荣誉，并因此得到了去国外学习游历的机会。1964年库卡波罗设计了奠定他国际声誉的重要的家具作品卡路赛利椅（Karuselli Chair）。卡路赛利椅由哈米家具公司（Haimi Oy）生产，第一次公开亮相于1965年1月的科隆家具博览会，立刻引起了广泛关注，之后又频频出现于各个国际展览会。1966年著名的设计杂志《多姆斯》（Domus）还以其做封面。卡路赛利椅是库卡波罗最为成功的设计之一，并为他赢得了国际声誉。这件设计至今已经生产了40多年，仍广受喜爱，其材料、技术、功能性和审美的完美结合，使这件作品成为了20世纪家具设计的经典。

卡路赛利椅

设计理念的发展

　　库卡波罗是最早将人体工程学引入家具设计的设计师之一，在他的理念中人体工程学和功能主义是密切相关的。1958年还是学生的库卡波罗聆听了老师奥利·伯格的一个学术讲座，讲座介绍了人体脊柱与座椅靠背的关系。该项目是在瑞典的阿克布罗姆（Åkerblom）医生的主持下开展的，旨在引导设计师如何根据人体的生理结构设计出舒适的、有利于人体健康的椅子。这个讲座对库卡波罗产生了深远的影响，从此人体工程学的基本理念和原则成为了库卡波罗家具设计的基础。库卡波罗总是从功能入手开始一项新的设计，他对人体的尺度及姿态与家具的关系进行了大量的实验研究，后来的卡路赛利椅也是在此研究基础上而设计出来的。

20世纪60~70年代，当时的国际文化氛围对库卡波罗的设计风格产生了很大影响。在当时的建筑、室内和家具设计中都能看到波普艺术（Pop Art）的风格，那个时期库卡波罗也设计了许多色彩明快艳丽、造型流畅的塑料家具。20世纪80年代是经济迅速发展，文化繁荣的时期，家具设计的更新速度与生产的发展也非常快。库卡波罗也尝试在自己的作品中表现后现代主义的风格。1982年他为米兰国际家具博览会设计了具有后现代主义风格的"实验系列"（Experiment Collection），该系列大获成功，众多的杂志报纸纷纷报道，并配以大幅的彩色照片。库卡波罗自己也称"实验系列"是他迄今为止的整个设计生涯中最成功的设计。80年代除了家具设计之外，库卡波罗的设计还转向了公共空间的设计，办公室、医院、剧院的室内设计成为他的主要工作。

90年代，当时的经济从衰退中开始逐渐复苏，库卡波罗又开始关注于生态设计，设计了一系列木质材料的家具。他的设计始终具有很强的自然生态意识，库卡波罗认为产品可靠、耐用、舒适等要素都与生态密切相关。

在库卡波罗漫长的设计生涯中，虽然经历不同的设计潮流与风格，但他并不"随波逐流"，而是坚持自己的设计理念和风格，并以自己的理解方式和设计满足市场的需求。

材料和结构

库卡波罗一直在尝试各种材料在家具设计中的应用。除了经常出现在他的设计中的层压胶合板和金属之外，从20世纪50年代末60年代初开始，库卡波罗热衷于探索利用玻璃纤维设计家具。聚苯乙烯、聚氨酯等塑料材料从20世纪50年代末开始出现在芬兰，库卡波罗也于1959年设计制作出了他的第一件以玻璃纤维为材料的家具样品，但由于当时技术的限制和生产过程昂贵的花费，塑料还没有被成功地应用于批量化生产的家具之中，库卡波罗也只能将其先搁置一旁。直到20世纪60年代初，玻璃纤维生产和加工的成本降低之后，库卡波罗才又继续在这方面的工作，并于1964年设计出了著名的卡路赛利椅。有了卡路赛利椅的成功之后，库卡波罗与其合作的哈密家具公司一起，又陆续推出了以玻璃纤维为材料的一系列的家具，20世纪60~70年代初，库卡波罗又以ABS塑料为主，做了大量的实验。采用丙烯酸酯真空成型技术设计了许多椅子，而这种方法至今仍是塑料成型最常用的方法。

1973年的"石油危机"爆发，以塑料为材料的家具设计也因此而停滞。"石油危机"之后，对材料的认识已经上升至道德价值的高度，许多设计师一度已经不敢再用任何与石油有关的材料进行设计。库卡波罗在"石油危机"之后又开始关注胶合板，并将塑料自由成型的设计手法运用于胶合板的家具设计之中。20世纪70年代中期，库卡波罗设计的Plaano椅，Fysio椅和Sirkus椅都以芬兰最传统的桦木制作的胶合板为材料。

在20世纪50年代库卡波罗曾设计出以金属钢管为框架的Ateljee扶手椅和沙发系列，但之后就开始了长达七八年的塑料设计时期。60年代末70年代初，库卡波罗又重新转向了钢管家具的设计。同Ateljee系列（Ateljee Collection）的结构一样，库卡波罗以水平和垂直的钢管组成基本框架，设计出了新的Remmi椅。除了采用钢管为框架材料外，库卡波罗还发展出了零部件组装的结构形式，这不仅成为他后来设计的一个重要特点，还对工厂的生产方式产生了很大的影响。不同的零部件可以在不同的专业工厂生产，生产链最后的工厂只需要负责组装和包覆。20世纪80年代后的Skaala系列（Skaala Collection）等设计中，镀铬钢管和零部件的组装式结构又成为主要的设计形式。这些钢管家具造型简洁，但在功能设计和舒适性上又设计精良，成为库卡波罗〝功能主义〞设计的代表。

与工厂的合作

在库卡波罗的设计生涯中，他始终与工厂保持着良好的合作关系。在芬兰的家具设计师中，恐怕再没有哪位像库卡波罗这样从一开始就有工厂发现他的设计潜能并始终支持他。

早在学生时期，库卡波罗的许多设计就因在设计竞赛中获奖而被家具工厂看中并投入生产。1960年开始，芬兰最著名的家具公司之一莱伯产品公司（Lepokalusto Oy 或称Lepo-Product）成为库卡波罗所有家具的制造商。该公司购买了摩登系列（Moderno Collection）的版权。在莱伯公司的产品名录中几乎可以找到所有库卡波罗早期的作品，其中一些家具至今仍在生产。

从1963年开始，库卡波罗设计出Ateljee系列（Ateljee Collection）后，哈米家具公司开始成为了他家具设计作品的制造商。哈米公司创建于1943年，但直到20世纪60年代才因生产库卡波罗的作品而成为世界著名的家具生产商。库卡波罗与其合作非常的成功，直到哈米先生年老多病后，其合作才告一段落。1980年安蒂·乌尤伦（Antti Wuorenjuuri）创建了阿旺特公司（Avarte Furniture Company），将哈米与库卡波罗的合作继续了下去。不论是哈米还是阿旺特公司，库卡波罗与工厂的长期合作都是建立在相互信任和相互吸引的基础上的。由于与工厂保持稳定长期的合作，库卡波罗的设计的延续性非常好，几乎没有因为其他原因被中断。这也是他能够始终延续自己的设计风格而使其设计生涯顺利发展的重要原因之一。

中国情结与合作

库卡波罗对中国文化，尤其是对中国的传统手工艺艺术非常感兴趣。1997年当时在赫尔辛基艺术与设计大学攻读博士学位的中国建筑师、学者方海教授结识了库卡波罗。在方海教授的介绍和推动下，库卡波罗开始更多地了解了中国文化，并开始了他的中国之旅。

库卡波罗应邀开始到中国的一些大学举行讲座，中国的众多设计师和设计专业的学生也得以认识了这位世界级的设计大师及他独特的设计理念和方法。迄今为止，库卡波罗已经十几次访问中国，在10所大学举行过讲座，并被特聘为无锡轻工业大学（现江南大学）、南京林业大学的荣誉教授。

随着与中国交流的深入，库卡波罗的设计也开始进入了中国的市场。上海阿旺特-瑞森（Avarte-Rison）公司的建立将库卡波罗的设计引入了中国，并获得了成功，目前仍保持着良好的合作。

库卡波罗一直对中国的传统手工艺很感兴趣，1998年一次偶然的机会他参观了无锡附近的一个生产传统家具的家族式的工厂，并认识了手艺精湛的印红强。库卡波罗被其精湛的工艺和对材料与结构的理解而激动不已，从此与印红强成了朋友，并开始了迄今为止十几年的合作。库卡波罗对中国传统家具独特的审美气质和材料与结构非常着迷，他开始与北京大学方海教授和印红强一起开始了以中国传统家具为基础的现代家具的设计创作。近年来，他们以中国传统的竹材为材料，设计了一系列具有中国文化韵味但又十分现代的家具。竹材是非常生态的材料，同时具有良好的强度和独特的色彩和纹理。库卡波罗与方海和印红强的设计为推动这种材料在家具设计中的应用，并进行工业化的生产做出了很大的贡献。

教学

库卡波罗不仅自己是一位设计大师，他还以一名教师的身份为芬兰现代设计教育做出了很大的贡献。

1963~1969年，库卡波罗应邀在他自己的母校任教。1969~1974年在赫尔辛基理工大学（Helsinki University of Technology）的建筑系任教。之后又成为了当时的赫尔辛基艺术与设计大学的教授，并在1978~1980年任该大学的校长。

库卡波罗在其教学中始终强调材料和结构，以及人体工程学的基本设计原则。他对功能主义、生态设计的理解深深影响了他的许多学生。他以他自己成功的经验去教育并影响学生，培养出了许多如今在芬兰室内与家具设计界具有影响力的著名设计师。如西蒙·海科拉（Simo Heikkila）、约里奥·威勒海蒙（Yrjö Wiherheimo）、尤克·雅尔维萨罗（Jouko Järvisalo）等都是库卡波罗的学生。

除了学校的教学外，库卡波罗还经常到世界各地举行讲座，并担任了包括伦敦皇家艺术学院在内的好几所大学的客座教授。

约里奥·库卡波罗在其50多年的设计生涯中，坚持着自己的设计理念，创造出了无数的经典。他的设计从功能主义出发，同时从生态和环保因素去考虑材料和自然形式的运用，并用简单干净的形式诠释他对美好形式的理解，形成了一套属于自己的独特的设计语言。他被视为芬兰现代设计的骄傲。2008年，在库卡波罗职业设计生涯50周年之际，芬兰举办了名为"约里奥·库卡波罗——设计师"（Yrjö Kukkapuro-Designer）的展览，足见他在芬兰现代设计中无可比拟的崇高地位。直至今日，库卡波罗仍然从事着自己喜爱的事业，年近八旬的他仍然保持着对设计的无限热情，并不断挑战新的技术、新的材料，从未停止。

参考资料：

1.Yrjö Kukkapuro—Designer, Published on the occasion of the exhibition Yrjö Kukkapuro—Designer 18 January-6 April,2008, in Design Museum, Helsinki.

2.Fang Hai, Yrjö Kukkapuro—Furniture Designer, Southeast University Press, 2001.

■ Yrjö Kukkapuro英文简介

Yrio Kokkapuro was born in Wyborg in 1933. He studied in the Institute of Industrial Art from 1955 to 1958. Yrio Kokkapuro's career, which has continued for over fifty years, has produced an astounding array of chairs as well as other objects, such as tables and light fittings. His work spans a period of change in Finnish society, from a nation in the mid-1950s that had recovered from war, but was still quite closed to the outside world, to the outside world, to the present era of the global economy.

Kukkapuro's studies in the late 1950s and his emergency in the professional field of furniture design were an almost simultaneous process. This was made possible not only by Antti Nurmesniemi's choice of a chair prototype by Kukkapuro as a prominent feature of his 1957 exhibit "The Home of the Future", but also at a more general level by a great deal of building activity brought about by the rapid growth of Finnish society and the resulting need for construction, and the fact that this was reflected in the production of furniture. At the same time, the Institute of Applied Art, the present-day Aalto University, was better equipped after the war years to produce designers responding to the requirements of industry. Kukkapuro himself has mentioned on several occasions the exemplary role of Ilmari Tapiovaara and the inspiration of the latter's teaching. Tapiovaara had recently returned from the United States, where he had internalized the requirements of cooperation between product design and industry. This consideration of taking production as a starting point would remain a characteristic feature for Kukkapuro: the feasibility of manufacture was to taken into account already in the concept stage. Kukkapuro's debut in the field and remaining there were thus facilitated not only by his skill and industriousness, as is nature, but also by an overall situation that was favourable in many respects. Professionalism in design was noted highly by both manufacturers and consumers alike in the wake of the domestic and international rise of Finnish design to fame.

Only few furniture designers in Finland have had the same advantage as Kukkapuro of having the support of a company understanding his works and manufacturing and marketing them over a long period. The collaboration of Aalto, the factory-owner Otto Korhonen and the Artek firm that began in the 1930s was one of the first examples of a chain of conceptualization, production and marketing that made the designer's work possible on a comprehensive basis. After the Second World War, Tapiovaara realized a similar, uniformly controlled array of means with the aid of the Keravan Puuteollisuus furniture factory. Kukkapuro, in turn, had the use of Haimi Oy beginning in 1963 and followed in 1980 by

Avarte Oy, which continued the work of the Haimi company. The product range of both companies has relied almost uniquely on designs by Kukkapuro. This has permitted long-term work based on trust and mutual interests. At the same time, a chronologically layered range of products has come about, in which works that have already achieved the status of classics are offered alongside newer designs. Accordingly, Kukkapuro has been able to develop products and product families without interruption and without having to seek a separate manufacturer for each design.

Karuselli chair is the best known design among kukkapuro's chair. About this chair, he said: In the 1960s I continued to develop my fiberglass chair designs alongside my other work. It was later given its well-known name, Karuselli. I worked on it for some four years, from the end of the 1950s until 1962. I made the original prototype from thin metal netting covered with sackcloth dipped in plaster to create a king of shell, rather like an egg shell.

By adding plaster and carving, I finally achieved a form for it. I made the first model for the shape by taking fish trap netting, which is a very thin and flexible metal netting. I placed it on an armchair, sat down on it, and pressed the netting against my sides, back and neck. I also shaped it into a handrest, for the metal netting is truly three-dimensional. After twisting the netting for a while I came to the point below and from all directions. I remember well how I saw the chair completely finished in my mind's eye. All I had to do next was to add plaster and carve, which I did for about a year. By the end of 1964 I had already made a few fiberglass-laminated versions." Realized with the Haimi company, this design which had been brewing for a long while, was immediately featured in numerous international exhibitions – from then on Kukkapuro did not necessarily have to seek publicity but instead had to maintain his achieved reputation with output of consistent high quality.

Kukkapuro like Chinese culture and classical furniture very much, he has visited China 17 times, lecturing at ten universities. He developed a series of Bamboo furniture with Master Yin in China. The Bamboo Collection now consists of a sofa, various tables, a cabinet, shelving and even an office chair. The core idea of the bamboo collection is that it is made of flat and narrow elements, it is easy to assemble and dismantle and is closely packed.

Now Kukkapuro is nearly 78 years old, but he is still learning and designing. He is interested in digital process and already created some design that can be processed digitally.

■ CV

约里奥·库卡波罗（Yrjö Kukkapuro）

1933年	出生于芬兰维堡（Wyborg）
1951~1952年	伊梅塔拉艺术学校（Imatra Draft School）学习艺术
1955~1958年	赫尔辛基工艺与设计学院学习，室内建筑师
1956年	与平面艺术家艾米丽·库卡波罗（Irmeli Kukkapuro）结为伉俪
1959年	库卡波罗设计工作室

教育与学术经历

1963~1969年	赫尔辛基工艺与设计学院（Institute of Craft and Design），讲师
1969~1974年	赫尔辛基理工大学（Helsinki University of Technology）建筑系，讲师
1974~1980年	赫尔辛基艺术与设计大学（University of Art and Design, Helsinki），教授
1978~1980年	赫尔辛基艺术与设计大学，校长
1983年	赫尔辛基艺术与设计大学，专业特聘讲师(specialist lecturer)
1988~1993年	国家艺术教授（Artist professor）
1977年	苏格兰纽卡索工艺学院（New Castle Polytechnic）客座教授
1978年	伦敦皇家艺术学院（Royal College of Art），客座教授
1982年	伦敦金斯顿艺术学院（Kingston Polytechnic），客座教授
1999年	中国无锡轻工业大学（现江南大学），南京林业大学，荣誉教授
2001年	赫尔辛基艺术与设计大学，荣誉博士

专业学会（协会）

2002年	伦敦皇家艺术学会（Royal Society of Arts, London），会员
1976~1982年	芬兰教育部艺术与工艺委员会（Arts and Crafts Committee of Ministry of Education），会员
1977~1983年	芬兰国家艺术与工艺委员会（State Committee of Arts and Crafts），主席
1977~1983年	芬兰国家艺术委员会（Central Art Committee of State），委员
	芬兰室内设计师学会（Interior Designers Association SIO）荣誉会员
	芬兰设计师学会（Finnish Association of Designers Ornamo），荣誉会员
	巴黎装饰艺术学会（Societe des Artistes Decorateurs SAD, Paris），会员
	芬兰人体工程学会（Association of Ergonomics, Finland），会员

主要获奖作品和荣誉

1959~1961年	芬兰对外贸易协会奖（Award of the Finnish Foreign Trade Association）
1961年	芬兰工业设计艺术协会奖学金（Scholarship of the Industrial Design Association Ornamo）
1963年	赫尔辛基艺术与文学奖学金（Scholarship for Arts and Literature）
1966年	龙宁奖（Lunning Prize）
1970年	芬兰国家设计奖（State Award for Design）
1972年	斯堪的纳维亚室内杂志家具设计竞赛（Furniture competition of Scandinavian interior magazines），一等奖
1972年	意大利国际椅子设计竞赛（International Chair Design Competition, Italy），一等奖
1973年	东京国际灯具设计竞赛（Tokyo International Lighting Design Competition），鼓励奖
1974年	纽约杂志椅子设计竞赛（The New York Magazine Chair Competition），一等奖
1977年	哥本哈根伊卢姆奖（Illum Prize, Copenhagen）
1981年	布尔诺国际博览会（International Fair, Brno），金质奖章
1982年	阿尔瓦·阿尔托基金会，阿泰克奖（Artek Award）
1983年	Pro Finlandia奖章（Pro Finlandia Medal），由芬兰共和国总统颁发
1984年	美国IBD奖（IBD Award）
1985年	芬兰室内设计师学会（Interior Designers SIO）年度家具设计师奖（Furniture Designer of the Year）
1991年	工业设计师学会（Industrial Designers´ Association）设计师学会奖（Ornamo Ball）
1995年	芬兰设计论坛（Design Forum）"凯.佛兰克设计奖"（Kaj Franck Design Award）
1997年	芬兰邮政公司发行一套6张以芬兰最有影响力的工业设计为主题的邮票，库卡波罗的卡路赛利椅（Karuselli Chair）入选其中
1998年	库卡波罗的卡路赛利椅被纽约《时代》杂志评为世界上最受人喜爱的18件物品之一
1999年	巴黎国际产品管理协会（International Production Management Organization）邀请99位名家评出20世纪最重要的99件设计品，库卡波罗的卡路赛利椅名列其中
2001年	德国埃森（Essen），北莱茵-威斯特法伦州设计中心（Design Zentrum Nordrhein-Westfalen），办公室设计最佳奖
2002年	德国梅克伦堡州Landesbaupreis Mecklenburg奖（新勃兰登堡Marienkirche音乐厅设计）（Konzerthalle Marienkirche, Neubrandenburg）
2009年	芬兰文化基金会埃米宁提亚奖金资助（The Finnish Cultural Foundation, Eminentia Grant）

个人展览

1962年	赫尔辛基设计中心（Design Center, Helsinki）个人展览
1985年	奥斯陆Galleri Vognremissen个人展览
1987年	阿姆斯特丹宾宁画廊（Galerie Binnen），"梦幻空间"个人展（Magic Room）
1990年	瑞典哥德堡（Göteborg）罗斯卡博物馆（Röhsska museet），Surrum展览
1992年	德国杜塞尔多夫（Düsseldorf）斯堪的纳维亚设计中心（Das Nordik Haus）展览
1995年	赫尔辛基设计论坛，椅子展览（凯·弗兰克奖展览）
2005年	巴黎芬兰文化中心（Centre culturel de la Finlande）， "图腾椅"展（Tattooed Chairs）
2008年	赫尔辛基设计博物馆， "约里奥·库卡波罗——设计师"个人展（Yrjö Kukkapuro——Designer）

联合展览

1957年	赫尔辛基经济学院，"未来之家"设计展，展览设计： 安迪.诺米耐米（Antti Nurmesniemi）
1959年	赫尔辛基艺术厅（Helsinki Arthall），工艺和设计年展
1960年	第12届米兰三年展（ⅫMilan Triennial）
1962年	芬兰设计师协会50周年纪念展（Ornamo 50th Anniversary Exhibition）
1963年	斯德哥尔摩Liljevalchs艺术博物馆（Liljevalchs Konsthall）， "芬兰75年设计展"（Jubilee Exh. of 75 years of Finnish Design）
1963~1969年	芬兰设计世界巡回展
1965年	纽约现代艺术博物馆，当代家具设计展
1966年	瑞士日内瓦，第一届Eurodomus展览（EurodomusⅠ）
1966年	阿姆斯特丹Stedelijk博物馆（Stedelijk Museum），Vijftig Jaar Zitten展览
1967年	巴黎大皇宫（Grand Palais），生活艺术展（Art of Living, SAD）
1967~1968年	加利福尼亚州长滩（Long Beach CA）， 长滩艺术博物馆（Long Beach Museum of Art）巡回展
1968年	意大利都灵，第二届Eurodomus展览（EurodomusⅡ）
1968年	第14届米兰三年展（ⅩⅣ Milan Triennial）
1969年	巴黎大皇宫，Espace et Lumière展览
1970年	意大利米兰，第三届Eurodomus展览（EurodomusⅢ）
1970年	伦敦维多利亚——阿尔伯特博物馆（Victoria and Albert Museum），现代椅子展
1972年	布拉格装饰艺术博物馆（Umělecko Prümyslové Museum），设计和塑料展
1972年	哥本哈根工业艺术博物馆（Kunstindustri Museum），Finsk milj展
1974年	法国格勒诺布尔（Grenoble）格勒诺布尔博物馆（Musée de Grenoble），S'assessoir展览
1974年	东京Ryodo中心（Ryodo center），芬兰室内设计展（Finnterior）

1974年	华沙（Warsaw），芬兰设计展（芬兰文化周）
1975年	贝尔格莱德（Belgrade），芬兰设计展（芬兰文化周）
1975年	赫尔辛基艺术博物馆（Ateneum Art Museum），芬兰艺术和工艺协会100周年展
1978年	巴黎蓬皮杜艺术中（Centre Pompidou），Metamorphoses Finlandaises展
1980~1981年	维也纳、纽伦堡、布达佩斯、马德里、巴塞罗纳、里斯本，形式和结构展（Form and Struktur）
1981年	赫尔辛基艺术博物馆（Ateneum Art Museum），形式和结构展
1981年	巴黎大皇宫，Habiter, c´est vivre展
1985年	丹麦路易斯安那现代艺术博物馆（Louisiana Museum for Moderne Kunst, Humlebæk），"人类与装饰"展（Homo decorans）
1990年	巴黎蓬皮杜艺术中心，芬兰工业设计展（Design Industriel Finlandais）
1990年	瑞典马尔默（Malmö），Nordform-90展
1996年	丹麦路易斯安那现代艺术博物馆，"设计与个性——欧洲设计"展（Design and Identity, Aspects of European Design）
1996年	瑞典卡尔马（Kalmar），"北欧设计之路"展（Design Nordic Way）
1999年	巴黎卢浮宫，"20世纪最重要的99件设计作品展"
1999年	比利时根特设计博物馆（Design museum Gent, Gent），5×5 Stoelen, de klassiekers van het Finse modernisme
2000年	"发现——2000欧洲文化城市展"（Find, European Cultural Cities of the 2000 exhibition），同时在芬兰赫尔辛基（Helsinki）、法国阿维尼翁（Avignon）、挪威卑尔根（Bergen）、意大利博洛尼亚（Bologna）比利时布鲁塞尔、波兰克拉科夫（Krakow）、捷克布拉格、西班牙圣地亚哥-德孔波斯特拉（Santiago de Compostela）、冰岛雷克雅未克（Reykjavik）几个城市举行
2000年	芬兰费斯卡斯（Fiskars），芬兰设计展
2002年	比利时根特设计博物馆，"从酚醛塑料到复合材料"展（From Bakelite to Composite）
2002年	意大利维琴察（Vicenza）卡萨比安卡博物馆（Museo Casabianca- Museo della grafica d´arte），"图腾椅"展（Tattooed Chairs）
2003年	意大利Crespano del Grappa，皮卡罗博物馆（Piccolo Museo），"图腾椅"展（Tattooed Chairs）
2003年	东京生活设计中心（Living Design Center），"Q——平静的设计：芬兰当代设计展"（Q—Designing the Quietness: Contemporary Finnish Design）
2006年	赫尔辛基艺术与设计大学，椅子国际设计展（Chairs—International Exhibition）
2006年	里斯本国家艺术博物馆（Museu Nacional de Arte Antiga），"图腾椅"展（Tattooed Chairs）
2007年	阿姆斯特丹宾宁画廊（Galerie Binnen），25周年藏品展（25-years Jubilee Collection）

永久收藏作品

1965年	纽约现代艺术博物馆（Ateljee 椅）
1971年，1984年	伦敦维多利亚——阿尔伯特博物馆（Karuselli椅，Remmi椅）
1979年，1981年	赫尔辛基设计博物馆（Fysio椅，Skaala椅）
1983年，1996年	汉堡工艺美术馆（Fysio椅，Alnus海报）
1983年，1987年	哥本哈根工业艺术博物馆（实验系列：自由形式 A-500）
1985年	挪威特隆赫姆（Trondheim）艺术与工艺博物馆
1985年	挪威奥斯陆工业艺术博物馆
1987年	哥德堡罗斯卡博物馆（Röhsska museet）（A-504）
1989年	斯德哥尔摩国家博物馆（Nationalmuseet）
	（实验系列：自由斜线）（Experiment, Free Diagonal）
1990年	耶路撒冷以色列博物馆（Israel Museum, Jerusalem）（Sirkus椅）
1991年	德国莱茵河畔魏尔城（Weil am Rhein）
	维特拉设计博物馆（Vitra Design Museum）（Karuselli椅，Saturnus C，415椅）
1999年	冰岛雷克雅未克艺术博物馆（Listasafn Islands）（长椅 Long Chair）
2000年	比利时根特设计博物馆（Karuselli椅）
2002年	意大利维琴察（Vicenza）卡萨比安卡博物馆
	(Museo Casabianca- Museo della grafica d´arte)（"图腾椅" Tattooed Chairs）

主要家具和灯具设计作品

1955~1956年	Lokki休闲椅和沙发系列
1956年	Sesam沙发——床
1956~1957年	Luku阅读椅
1957年	Tip-Top休闲椅
1958年	Yleis椅
1958年	Pikku椅
1957~1960年	摩登座椅系列（Moderno Seating Collection）
1961年	Casino椅（皮椅）
1963年	Merivaara椅系列
1963~1964年	Ateljee沙发系列
1959~1964年	Karuselli椅和凳子系列
1965~1967年	塑料椅413-418系列
1966~1969年	Saturnus椅、凳、沙发和桌子系列
1966~1969年	塑料椅3417-3814系列
1967年	Variatio沙发和桌子系列

1969年	塑料椅419
1969~1972年	Remmi椅、沙发、凳和桌子系列
1969~1972年	灯具设计
1970~1973年	Variation办公家具系统[与西蒙·海科拉（Simo Heikkilä）合作设计]
1971年	衣架80
1971年	桌子673-675系列
1972年	杂志架3666和Plant Trough3667
1972年	Pressu椅
1973年	迷你沙发系统（Mini Sofa System）
1974~1975年	Plaano椅系列
1975年	Palkki B坐具系列
1977~1978年	瓦楞纸板存储系统
1977年	可堆叠椅445-446系列
1978年	Fysio椅系列
1980~1981年	Skaala椅、凳和桌子系列
1981年	SP系统730 桌子系列
1982~1983年	实验椅子、沙发和桌子系列
1982~1985年	Sirkus坐具系列
1983年	Cloud-Vio系列
1984年	大学椅
1985~1987年	A500坐具系列
1986~1988年	Variaatio沙发和桌子系列
1986~1996年	Nelonen椅
1988~1998年	Visual办公桌子系列[与雅戈·雷曼（Jarkko Reiman）合作设计]
1991~1992年	Funktus坐具系列
1994年	Express椅
1994年	PK 206椅
1994年	椅551-554
1995年	Alnus椅子系列
1995~1996年	Ventus Balk坐具系统
1997~1999年	Taton椅子系列
1998~1999年	长椅和凳（Long Chair and Stool）
1999年	东西方系列（East-West Collection）（与方海合作设计）
20世纪70~90年代	礼堂座椅系统

主要室内设计作品

1963~1965年	玛丽梅格（**Marimekko**）专卖店
1970年	科沃拉（**Kouvola**）市政厅
1971年	纽约机场航站楼，斯堪的纳维亚航空公司
1972年	赫尔辛基平面艺术家协会画廊
1972年	日内瓦大学演讲厅
1972年	富士施乐公司芬兰总部办公室
1973年	芬兰伊马特拉（**Imatra**）剧院
1973~1977年	赫尔辛基地铁站室内设计
1975年	科特卡（**Kotka**）市政厅
1979~1982年	赫尔辛基地铁总站

主要展览设计

1963~1964年	前南斯拉夫，芬兰出口商品展
1964年	以色列，斯堪的纳维亚信息展，Tel-Aviv
1964年	赫尔辛基Ateneum艺术博物馆，Jugend展览
1966年	哥本哈根，芬兰设计展
1966年	斯德哥尔摩，Finsk Miljö展览
1966年	科特卡（**Kotka**），工艺和设计展
1968年	第14届米兰三年展，芬兰馆
1969年	赫尔辛基Ateneum艺术博物馆，ARS-69展览
1969年,1971年	斯堪的纳维亚家具博览会，芬兰馆
1972年	赫尔辛基Ateneum艺术博物馆，修道院历史艺术展
1973年	赫尔辛基Ateneum艺术博物馆，柏林埃及博物馆历史艺术展
1974年	东京，芬兰室内设计展
1975年	赫尔辛基大教堂，捷克书籍艺术展
1976年	赫尔辛基，〝金色秘鲁〞展
1980年	设计中心，芬兰塑料协会40周年纪念展
1989~1990年	巴黎蓬皮杜艺术中心，〝芬兰印象〞展
1990年	赫尔辛基实用艺术博物馆，芬兰设计展

■库卡波罗的
设计理念和风格

● 设计与设计教育

(根据方海对约里奥·库卡波罗的访谈录整理)

○ 设计风格，设计哲学

1. 对库卡波罗影响较大的设计风格、设计师

　　库卡波罗的学生时代是在20世纪50年代度过的，那时芬兰正从第二次世界大战的创伤中慢慢复苏，国家的经济并不好。对于一个普通学生来说，想要游历不同的国家，见识不同的设计更是很困难。当时的库卡波罗同其他学生一样，对国外设计师和作品了解得不多，他曾经参观过一些查尔斯·伊姆斯（Charles Eames）、埃罗·沙里宁（Eero Saarinen）和哈里·伯托亚（Harry Bertoia）等设计师的作品展，给他留下了深刻印象。

　　当时的芬兰也拥有属于自己的国际顶尖的设计大师，如阿尔瓦·阿尔托、伊玛里·塔佩瓦拉（Ilmari Tapiovaara）、沃纳·维斯特（Werner West）等，这些优秀的设计师开创了芬兰现代家具设计的先河。他们的设计都对库卡波罗产生了很大的影响。但那个时期几乎所有的芬兰设计师都拘泥于使用胶合板进行设计创作，在某种程度上显得很单调。正是因为这样，库卡波罗希望能更多地了解国外设计师的设计，并为自己的设计打开新的思路。

　　库卡波罗认为自己3年专业课程的学习收获很大，他几乎所有的专业知识都是在那个时期获得的。他认为当时的设计专业的教学非常出色，他在当时为今后的设计工作积累了扎实的知识和专业技能。在踏入大学的校门之前，库卡波罗对现代主义几乎一无所知，而正是恩师塔佩瓦拉的课程将他引入了现代主义设计的大门。即使在告别学生时代之后，他也学会了用

自己的眼光去透视世界上各种各样的艺术风格。

那时库卡波罗获得了一些奖学金得以游历其他欧洲国家。他参观了许多博物馆，在意大利米兰呆了1个多月，并在那里为著名的建筑师罗伯特·赛姆伯尼特（Roberto Sambonet）工作了1个月，成为了他难得的学习经历。

库卡波罗曾在博物馆里参观并进行一些测绘，他被那些传统手工艺精品精湛的工艺和技术所吸引，同时对其实用功能则更感兴趣。库卡波罗常常思考如何用新的方式使其更具现代色彩，这成为了他之后设计的背景。他很快意识到对于家具设计而言，形式并不是最根本的东西，形式的问题很容易解决，首先要考虑的应该是家具的实用意义，有了好的功能和实用性，审美价值才会随之而来。要想成为现代设计师，最好是遵循一条明确的实用原则。

2．设计哲学的定位

库卡波罗认为一个设计师常常可以遵循两条设计主线来发展自己的设计。

第一，设计师可以首先尝试为自己、家庭成员、朋友等创造新的设计。虽然每个设计师都希望创造出真正优秀，同时又能被市场接受的设计，但这并非易事。因此首先为自己或亲朋好友设计些新东西，然后再逐渐转向更专业的设计项目，这其实是一条很好的发展途径。

第二，对于公共家具设计师来说，既要设法满足建筑本身的要求，又要满足室内合理布置的需求。库卡波罗自己就是在与建筑师共同讨论的基础上创造出大量的公共空间的家具设计作品的。现代设计发展过程中，建筑师越来越多地参与到室内甚至家具设计的领域，许多早期建筑师如阿尔瓦·阿尔托、阿纳·雅各布森（Arne Jacobsen）等不仅从事建筑设计还负责室内一切设施的设计。现在之所以有"室内建筑师"（interior architect）之称也正是因为建筑师和设计师之间的密切联系。

同时设计师与家具制作者的密切合作也是创造和完善设计思路的重要途径。在库卡波罗所处的时代，批量化的工业生产已经成为家具设计的主流，因此家具设计不能只单纯体现其艺术价值，而要适应于大批量的生产。现代设计对个性化的要求越来越突出，这意味着设计师更要加强与制作者的合作。库卡波罗认为他与中国无锡江阴的印洪强先生的合作就为他的设计提供了很好的发展动力。印洪强先生不仅是位技艺娴熟的工匠，而且是世界上最优秀的家具制作传统的代表。与印洪强先生的合作为库卡波罗的设计提供了很大的借鉴意义。

○ 设计职业的选择

库卡波罗儿时生活在乡村，从小就如许多孩子一样喜欢用刀等工具手工制作物品。同时家庭背景对他从事实用艺术设计也有很大的影响。

库卡波罗的母亲是一位自己开店的裁缝，她的制衣技巧给库卡波罗留下了深刻的印象，他十分佩服母亲在工作台上裁剪时的果敢与自信。父亲是一名建筑工匠和建筑油漆工。父亲会自己动手绘制图纸并制作小模型，库卡波罗经常和父亲一起工作，并从中学到了很多东西。此外父亲还是一个业余摄影爱好者，这对库卡波罗影响也很大，后来他进入学校选修了摄影课程，并使他成为了一个真正的摄影师。这对他的设计工作有很大的帮助。

库卡波罗从小有绘画的天赋，并在家乡伊梅塔拉艺术学校学习。后来在老师的推荐下到赫尔辛基学习，正当他为参加进入赫尔辛基工业艺术学院的平面设计系的考试做准备时，他经人引荐去了一个家具工厂工作，而正是这个工作经历改变了库卡波罗的职业选择，他意识到他的未来在于家具设计，这成为了他职业选择的起点。

○ 设计教育

1. 专业学习经历对库卡波罗的影响以及对他影响最大的老师

库卡波罗为能在赫尔辛基艺术与设计大学（UIAH）学习而感到荣幸。在他的学生时代，学校就有高效的教学体系、合适的学习环境和优秀的教师。

库卡波罗把伊玛里·塔佩瓦拉视为对自己影响最大的老师。塔佩瓦拉把包豪斯的精髓带到了芬兰，他的设计构成课程是所有现代设计的基础，他开创了芬兰现代的设计领域：国际风格、功能主义、批量生产、大众化设计等。从塔佩瓦拉那里，库卡波罗学到了设计的精华。

罗纳·（斯卡普）·英格布罗姆 [Runar (Skåpe) Ngblom] 也是一位非常特别的教师，从他那里库卡波罗学会了如何欣赏并把握传统家具和民间设计的精髓和细节。罗纳鼓励学生多去研究博物馆里的精品，库卡波罗在博物馆里做了大量的测绘，甚至研究了内部的结构等细节，这对于设计专业的学生是非常重要的。

沃纳·维斯特（Werner West）在库卡波罗的第二学年学习时教授他们家具设计课程，维斯特是芬兰最早信奉功能主义的室内设计师之一，从他那里库卡波罗学到了有关设计过程的许多技巧，也学到了功能主义的思维方式。

奥利·伯格（Olli Borg）是库卡波罗最后一学年学习的指导老师，教授室内设计和家具设计，并指导他毕业设计。而对库卡波罗影响最大的是他一次讲课中介绍了瑞典的阿克布罗姆博士关于椅子设计和人类健康关系的研究，这是库卡波罗第一次接触到人体工程学，也成为他设计生涯中一个激动人心的起点。

2. 教学经历

20世纪60年代库卡波罗应当时赫尔辛基艺术设计大学的邀请任教，他的教学重点放在人体工程学上，教学生如何理解人类形态与家具设计之间的关系。那时他在学校里的教学不是全日制的，更多的时间还是在他的工作室里进行新的创作。通常他每周会有一天时间同许多年轻助手在工作室里工作，形成了不同于课堂教授的另一种教学体系。

库卡波罗虽然很适合于教育工作，但他并不喜欢被束缚于大学校园中。1974年他被委任为室内与家具设计系的教授，他承诺在这个工作岗位工作5年，他不得不花很多时间在学校，工作负担沉重。几年后库卡波罗被任命为赫尔辛基艺术设计大学的校长，这对于他来说更是一项艰巨的工作，他必须花很多时间在管理上，同时在系里他还有很多的教学工作。

对于库卡波罗来说这虽然不是他理想的工作状态，但他仍认为教学对设计师来说很有好处。首先在讲课之前或讲课过程中必须理清思路，这会使设计师的想法和理论更加系统化。

其次和自由自在、想法新奇的年轻人在一起总是很开心，从他们那里也会得到许多新鲜的想法。库卡波罗认为要做一个好的老师必须花很多时间和学生相处，要告诉他们事物的真相，同时还要尽力解决他们的疑问。好的老师不应该试图去改变学生的思想和工作方式，而是应该尊重并引导他们作出正确的选择。

3. 对现代设计教育的建议

库卡波罗认为教师、图书馆和工厂应该是学生学习过程中三个最重要的参考来源。库卡波罗自己所有的基本知识和工作技巧都来自于他的老师，好的老师对学生来说至关重要。

此外充分利用图书馆对于设计学生也是重要的学习途径。学生可以在图书馆找到众多世界各地不同语言的杂志书籍，大量媒体信息和网上资源更是丰富。对于今天的学生而言，发现资料已经不是什么难事，而如何作出正确的选择，找到正确的方向才是最重要的。

对于学习设计的学生来说，工厂是最好的大学，了解工厂的一切是非常重要的。生产的机器设备、材料和所有的工艺流程，这些都是重要的学习内容。对于库卡波罗自己，他在工厂的所见所闻教会了他所有关于设计的实际问题。不论什么时候去工厂，他都会有新的发现和收获，或找到解决设计中遇到问题的方法。因此对于现代的学生来说，深入工厂的学习方式是非常重要的。

• 现代设计的基础

约里奥·库卡波罗（Yrjö Kukkapuro），尤克.耶尔维萨罗（Jouko Järvisalo），1977年

（资料来源：Fang Hai, Yrjö Kukkapuro—Furniture Designer, Southeast University Press, 2001.）

○ 形式语言的要素

1. 点

首选，点是设计的基本要素之一，一个点可以成为环境中清晰可辨的一个区域，其性质和大小可以各不相同。从这个意思上来说，定义一个点其实就是要明确它和其所在环境的关系。为了将某个物体突出出来成为一个点，我们需要拉大这个被定义的点和其所在环境之间的对比关系。而当这个点在一定程度上被逐渐放大，它和所在环境之间的差别仍能被看出来时，这个点就可以被称为是区域或面，而不再是点。当我们把点看作是二维空间的元素时，

就常常体现出这样的情况。

再如，当我们观察二维平面的点时，如果我们以相似的距离画了很多个点，那我们就会把这些点看作一个整体的面而不是一个个独立的点。如果我们按一定规律变换的距离画出许多点，就会创造出阴影的效果，并因此而产生空间感。

当我们在三维实体或空间来观察时，点的意义就更大了。点会成为三维实体中的"附着点"、"固定点"和"支撑点"。

即便当我们观察不同的物体时，也需要一个附着点、平衡点等。这些平衡点可以是颜色、形状或质感，它们既对整体有着很大影响，同时又可以帮助分解整体而便于人们对物体的理解和记忆。点状的物品如衣服扣子、家具上的螺丝等，同样能有助于丰富过于单调或简单的表面。

2. 线

线是设计的另一基本要素。线是一个面或区域的边缘，线还可以显示方向、引导视线，从而使创造出运动感。

同点一样，我们也可以通过明确线和其所在环境的关系来定义它。而当线变得足够宽时，它就会形成面。

同样，当以等距画很多线时就会形成面，当线按一定规律的距离变换时也会产生变换的阴影相关，从而创造出一定的空间感。

直线是一切设计的基础。最主要的直线是水平线和垂直线。自然界的地平线本身就是水平线，自然界中的直角垂线、铅垂线就是垂直线。这些线都具有静态感，因此常常成为其他线条的依据。

另一个基本的线形是曲线，曲线基本上可以通过几何方法获得，从而形成不同类型的曲线。此外还有自由绘制或手绘的曲线。

通过直线和曲线两种不同的线型可以创造出不同的组合。不同直线相交可以形成折角，同样也可以通过曲线连接不同的直线。

直线和曲线可以结合为一个有机的整体，彼此平滑相连。这里我们还可以讨论一下线的结构，它可以很结实、随意或松散。紧密结实的线常常是精心绘制的有机实体，而松散的线则通常被看做是未完成的、没有特别属性的。

当我们形容线的特质时，我们常会说生动灵活的线，而反之则会说呆板僵硬的线。

3. 面

二维平面的基础形状是一个由两条垂直线和两条水平线组成的方形。当改变这两组对应的线的距离时，面的特质也随之改变。对于二维的平面来说，形成一个平衡的整体的主要因素有：面的高度和宽度之间的关系，面上平衡点的各元素的位置，面上各元素与面的边缘的相对位置关系。

一个三维物体由许多不同的直或曲的面构成。在设计一个整体时，考虑不同元素及其相互间的关系式是非常重要的。设计曲面时，最好将曲面分解为清晰可见的单独的元素（拓扑实体），这样可以使设计更容易控制。

当人们观察面的特征时，常会说到活跃生动的表面或是面的深层印象，这些都是通过面的结构或对面的〝装饰〞而创造出来的。因此当我们观察物体时也最好注意其表面的结构特征。物体表面所采用的材料，如玻璃、金属、塑料、石材或木头，都具有各自的结构特征，这些都是设计时需要考虑的因素。

我们还可以有目的地对表面进行装饰。例如，在制作家具、玻璃器皿等物品时，表面的装饰还常常起到掩盖自身质量缺陷的作用。这已经不只是技术意义上的表面结构，而成为所说的肌理。

4．空间

由许多面组成的环境的某个部分就是空间。空间的基本要素就是三维实体，如立方体、球体、圆柱体或锥体等。

这些来自于空间的小的实体常常需要考虑的是体量和尺度。因此空间可以是实体的、大体量的，也可以是一个运动物体的共存空间。

设计一个封闭环境的空间，我们常常会想到一个由墙体构成的房子，或者一个由建筑和树木构成的街道空间等。

在观察一个空间时，最好要意识到空间不只是被用来看的，而重要的是要根据的人的视角的变化，或是人的身体与外部空间的关系来理解这个空间。

人的视觉取决于身体的尺度和活动情况，没有绝对的视觉或绝对的运动。当测量一个人的身体时，就会了解这些要素之间的关系是非常微妙精细的。这些因素一起形成了对于空间及空间感的认识。

5．比例

上述讨论的空间的概念也可以被称作〝心理尺度〞，这与通常所说的反应物体实际大小的度量单位没有任何关系。利用〝心理尺度〞，人们可以将自己的测量尺度与环境联系起来。例如，对同一座建筑物，可以用〝人〞的尺度和〝纪念性〞的尺度来衡量。房间地板的面积和房间高度的关系则是空间协调感的重要影响因素。

○ 设计的基本思路

1．布局

布局的概念是非常广泛的，且用于许多不同的场合。这里所说的布局是指不同意义的元素的组合，如设计中的点、线、面、空间和色彩等基本要素如何组合成一个平衡的、具有功能的整体。

平衡轴线在实际工作中十分重要。平衡轴线是指将基本单元整合为一个整体的线。在最后完成的作品或产品中，平衡轴线是不可见的，人们只能假想其存在和作用。但如果想创造出一个生动、有活力的且和谐的整体，平衡轴线是非常重要的。

2．节奏

当我们观察环境时，会注意到其中的一些基本元素常常或多或少地以一定规律不断重复，这些构成整体印象的线、形、色彩和距离被称作视觉的节奏。

节奏的概念通常以许多重复的表面形状或色彩主题的形式来体现，如建筑立面中窗户的节奏。

节奏既可以是单一、机械式重复的元素，也可以是活泼动态而自由的节奏。

3．平衡

在产品和环境设计中，设计师总是希望能创造一个平衡协调的整体。将不同表面、形状和色彩元素有技巧地组合在一起是一个成功的平衡设计的前提。也就是这里我们所说的和谐。一个和谐的整体也通常被认为是平衡的。

当然对于视觉平衡并没有什么必须的数学计算或统计迭代的方法。唯一的方法就是通过布局来实现整体的平衡。

物体的平衡可以指物理上的实体或静止，这种不变的平衡被称作静态平衡。当一个物体处于水平和垂直的形态之间时，由于重力带来的感觉，人们会体会到结构法则产生的平衡。

最容易理解的静态平衡就是对称。当各个元素以一个或多个平衡轴线为基础，像镜像一样布局时我们就称之为对称。对称是最简单的（或者说最乏味的，也或是"最无趣的"）平衡形式，因为在这样的形式里各个元素之间的关系过于一目了然。

另一方面，我们还可以通过主要元素之间气势张力上的平衡布局来创造更为生动的整体。这样的方式被称作是动态平衡。

要创造动态平衡，各元素之间的数量关系非常重要。但需要注意的是形也起着非常重要的作用，它至少可以体现能够被度量的尺度关系。形的尺度总是相对于另一个形体来定义的。此外，色彩效果也值得注意，它可以使形体之间的关系更加丰富。

4．形状或造型

当我们近距离观察不同形状时，我们会发现对于这些形状的理解是基于一些特定的规律。在第一部分关于线的章节中，我们已经讨论过形的概念，它是与线本身同样的美学元素。没有清晰可见的轮廓线，也就不会有所谓的形。

一个失去平衡的物体，其中的基本要素也是混乱无形且不易被认知理解的。对一个物体各部分清晰和明确的设计才会创造出易识别的形态。当我们手握一块黏土的时候就会注意到这种关系，它的形状很难确定，既有重量又有尺度，但却通常没有任何能被记忆的确定的形态。然而当我们把它捏成一个立方体或球形时，就赋予了它一个确定的形状。在我们将一块黏土塑造成一个实体的形状时，它就具有了几何的规律特征。

如果我们更仔细地分析一个形体，通常会产生这样的疑问：不同的形体会给观察者带来怎样不同的印象呢？首选我们会谈到形体的轻与重。轻重的感受与物体的实际重量无关。通常包含直线、单薄的结构单元、较少的材料和清晰色彩对比的形体会给人轻的视觉感受；而模糊的边缘和曲线则会产生重的感觉。

此外轮廓非常清晰、非曲线的形会给人以坚硬的感觉，而曲线则看起来更加柔软。硬或软的感受也是人们无意识中从现实经验中发展而来的，如通常当人们制作一个轮廓清晰、棱角分明的形体时，其所用的材料也必须选择硬些的。同样人们也会本能地害怕碰撞到坚硬而锋利的物体。

我们很难直接说硬或软的形体哪个更漂亮。只有将其与特定的使用目的结合起来，我们才能够看出它们的特质，并从不同角度去评价。

大多数物体的总体形状是由许多不同的形及不同的组合而构成的。在设计语言中我们常说"造型语言"这个词，指的就是物体形态带给人的总体的印象感受。

像不同的形状一样，不同的造型语言也可以被称为轻或重、软或硬。由清晰明确、小体量的元素构成的形式整体或形式语言会给人轻和精致的感觉。但当被用于日常普通的产品时，会让人觉得不够实用。而塑性的造型语言会给人柔软和灵活的感受，它由圆或曲线构成，具有雕塑般的圆滑的形体。

很显然我们对于实际的、功能性的形状的理解来源于自然形态本身。有机意味着有生命的整体，有机的形体则应该总是整体的、不可分割的，就如同自然界中的有机的生物体一样。

通常当我们衡量一个物体的美感时，造型和功能是最重要的因素。

如果一个物体设计的基本是一个基础的几何形体，而且设计中的需求要被迫遵循于基本的形体，那么其结果也只会成为低劣的、形式主义的设计。我们通常所说的"造型上的成功或失败"与"造型语言"表达的是同样的意思，这与形式主义没有任何关系。

对于造型语言产生最大影响的也许就是"检验"的形式，其中包括检验产品的可用性，即产品的使用目的。当我们看到任何一个普通的产品时，我们都可以体会到它是设计师为尽可能满足功能而不断创造的产物。显然在这种情况下造型成为最有目的性的形体，而我们也可以引用那句古老的名言"形式追随功能"。这里我们讨论的是功能性的造型实体，是一种造型语言。

与仅仅源于形态本身的形式主义的造型不同，功能化的造型是以物体的功能为基础的，它还需要考虑结构和材料的需要。功能化的造型也十分注意产品的使用目的，也是一种符合人体工程学的形态设计。

当我们以物体的功能和用途为其审美基础时，才又可能创造出美的产品。

椅子生理学设计的基础

——影响椅子设计的**11**条重要因素

库卡波罗是把人体工程学引入现代家具设计的重要设计师之一，他始终认为座椅良好的功能和舒适性是设计的基础。他深入研究了人体尺度，并针对座椅与人体坐姿的关系做了大量实验，不仅自己设计出了具有良好功能性和舒适性的座椅，也为推动家具设计中人体工程学的发展做出了很多的贡献，也为其他设计师提供了许多家具人体工程学设计的方法和经验。

1983年库卡波罗接受的一次采访中，谈到他设计的Fysio系列办公椅时，他将设计中影响椅子舒适性的因素归纳为以下11条：

(1) 椅子的高度必须使双脚能够全部接触地面，以保证腿部的良好血液循环。

(2) 椅子的软垫不能影响骨盆支撑点对身体的合理支撑。

(3) 椅子座面前缘不能给腿部内侧施加任何压力。

(4) 椅子靠背必须支撑腰背部。

(5) 椅子必须有坐骨肌肉活动的空间。

(6) 椅子必须有肩膀和肩胛活动的空间。

(7) 颈部支撑必须在正确的高度。

(8) 扶手必须能支撑身体上半身和肩膀。

(9) 座面的倾角应能根据工作和休息的姿态而调节。

(10) 即使是固定的椅子，座面和靠背的夹角也应该能调节为合理舒适的角度。

(11) 椅子不能太宽，以保证两个胳膊能同时放在两边的扶手上。

■库卡波罗的
经典作品分析

1. Luku椅（The Luku Chair）/1957年

材料：钢管，实木，帆布

    在库卡波罗还是学生的时候，他就开始利用当时学校工房有限的设备工具设计并制作家具样品，亲自动手制作样品在当时的学生中并不多见。库卡波罗自己回忆说："我可能是当时学校里唯一一个制作样品的学生。学校里其他人也设计家具，并且很多也成了优秀的设计师，但我记得并没有学生去动手制作样品。"Luku椅就是在由库卡波罗和墨里·恩尼斯特（Mauri Enestam）共同合作创建的"摩登诺"家具工厂（Moderno Workshop）中制作出来的。

库卡波罗与他的Luku椅（一）

1957年一个名为"未来之家"（The Home of the Future）的展览在赫尔辛基举行，当时著名的室内建筑师安蒂·诺米奈米（Antti Nurmesniemi）是展览的总设计师。他在为展览挑选休闲椅时听说了还是学生的年轻的库卡波罗的名字，并最终挑选了库卡波罗设计的Luku椅。

与20世纪50年代流行的沉重的、软包的椅子截然不同，Luku椅是一个多功能的轻型椅。金属腿和实木框架，帆布的座面和靠背用钉子固定在框架上，造型非常简洁，带有明显的现代主义及功能化的设计风格。椅子一经展出就引起了公众的广泛关注，这是库卡波罗的设计第一次公开的亮相，获得了很大的成功，当时的许多报纸、杂志纷纷报道Luku椅，并给予了很高的评价。Luku椅也标志着库卡波罗职业设计生涯的开端。

库卡波罗与他的Luku椅（二）

1959年1月4日，生理学教授M.J.考文宁先生（M.J.Karvonen）这样评价库卡波罗的Luku椅：

（1）椅子座面的进深适合大多数人的使用。

（2）椅子座面的倾角适合休息及工作时的使用。

（3）椅子座面的高度适合大多数人的使用。

（4）椅子座面和靠背的夹角是休息椅所适用的夹角。

（5）椅子的结构对于脚的放置非常合理舒适。

"未来之家"展览

（6）靠背的设计能很好地支撑人的肩膀和背的中部。

（7）扶手的高度适合阅读和工作的需要，扶手的水平线设计很实用。

（8）椅子的尺度设计足够变换身体姿态的需要。

（9）椅子下部架空，使腿部可以自由向后放置，这样的设计同样方便老人从椅子里站起来。

（10）我亲自体验了这把椅子，发现不论是长时间阅读或工作，还是短时间坐都非常舒适，很适合在诸如候车室等环境使用。椅子很轻便，可根据室内环境需要灵活移动。

2. 摩登系列（Moderno Collection）/1956~1961年

摩登摇椅

材料：钢管，胶合板，织物

1957年还是大学二年级学生的库卡波罗在墨里·恩尼斯特（Mauri Enestam）先生的协助下，创建了一个名为"摩登诺"的家具工厂（Moderno Workshop），开始生产并销售库卡波罗设计的家具。工厂运转一直很好，直到1960年墨里·恩尼斯特突然生病而被迫停止。摩登系列家具就是在那个时期完成的。

20世纪50年代末，查尔斯·伊姆斯（Charles Eames）还有埃罗·沙里宁（Eero Saarinen）已经设计制作出了玻璃纤维为材料的椅子。库卡波罗也一直梦想着能在自己的设计中尝试玻璃纤维这种新的材料。但在当时材料短缺的芬兰，他这样一个穷学生是不可能负担起昂贵的材料和加工费用的。库卡波罗最终决定另辟蹊径，用其他的材料代替，模仿玻璃纤维椅子的造型特征而进行设计，这正是摩登系列出现的背景。

库卡波罗先将钢管弯曲构成框架，然后将薄的胶合板用铆钉固定在钢框架上，并将钢管口封住，再在胶合板上包覆薄的软体材料，最后将面料像"袋子"一样套到椅子上。通过这样的材料和结构设计，使椅子呈现出直线和柔和的小圆角的造型，并且实现了如同玻璃纤维材料一样的自由流畅的造型风格。

库卡波罗最先设计了带有头枕的扶手椅。当时库卡波罗的同学埃里克·乌勒纽斯（Erik Uhlenius）正在为一个鞋店做设计，他找到库卡波罗希望库卡波罗能为鞋店设计一个配套的椅子。库卡波罗就在这个钢管框架结构的基础上设计了一个座高较低的、比较宽大的休闲椅。这个椅子非常成功，乌勒纽斯一直在他设计的鞋店里使用这把椅子。

从那以后摩登系列的产品越来越多，不同尺度的，有扶手和无扶手的，甚至还有摇椅，出现在餐厅、会议室、商场等各种环境空间中。摩登系列的销售非常成功，直至今日已经生产销售了50多年，在芬兰国内和整个欧洲都非常畅销，现在也已经进入了中国市场。

摩登系列

在库卡波罗早期的设计作品中，摩登系列无疑最好地体现了库卡波罗的设计才能，也是适应于工业化批量生产的最成功的作品。

3. Ateljee系列（Ateljee Collection）/1959~1964年

Ateljee系列扶手椅

材料：钢管，桦木、橡木、柚木等饰面刨花板，泡沫，皮革

20世纪60年代初，库卡波罗将对塑料家具的兴趣暂时放置一边，开始尝试不同的材料和形式。他为自己的家设计了一个"木盒子"式的结构，可以把一些软靠垫随意地放置在"木盒子"里，人就可以舒适地蜷缩在里面，这是一个十分自由且随意的设计。

就在那时，哈米家具公司的甘纳·哈米先生（Gunnar Haimi）看到了库卡波罗的这个设计样品，十分感兴趣，并愿意帮助库卡波罗将这个设计真正实现。库卡波罗在此基础上设计出了扶手椅和沙发，这就是Ateljee系列的开始。从Ateljee系列问世后，库卡波罗也从此开始了与哈米家具公司的合作。

库卡波罗在进行设计时，将最初的想法慢慢整合，并最终形成了一种模数化组装的结构形式。他受当时赫尔辛基一个工厂生产的金属框架床的启发，用橡胶带将金属框架连接在一起，再将板件固定在框架上。标准化的零部件可以根据用户不同的宽度和功能要求被自由组装成扶手椅或沙发，所有的垂直和水平的钢管都由橡胶带连接固定，非常灵活。软体的靠垫也非常容易拆卸换洗。整个家具这样的结构形式也适应于批量化的生产及包装和运输。

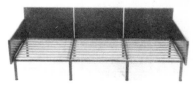

Ateljee沙发在1964年科隆家具博览会上首次亮相，立刻成为公众注意的焦点。之后不论在芬兰国内市场还是国际市场都畅销不衰。1965年纽约现代艺术博物馆还购买了Ateljee扶手椅，作为其永久的藏品。

结构连接

Ateljee系列灵活的组装体系使其成为一种用户定制式的设计产品。除了可以根据环境和功能需要选择不同的体量尺度之外，板件的材质和颜色也可以灵活更换。在Ateljee系列问世至今，已经有许多不同的版本。从不同颜色涂饰的板件，到橡木、柚木、桦木等不同的饰面。钢管也有不同颜色亚光涂饰和镀铬等质感。在不同时期，Ateljee系列都可以紧跟潮流。虽然设计于20世纪60年代，但在今天看来，Ateljee系列依然那么富于现代气息。

Ateljee系列（一）

在谈到Ateljee系列成功的秘诀时，库卡波罗这样说道：**"我一直在想Ateljee系列成功背后的秘密是什么。可能它具有与摩登系列一样简洁的线条，这使它能够经受住时间的考验，并轻松地适应于不同的潮流"**。

Ateljee系列（二）

4. 卡路赛利椅（Karuselli Chair）/1964年

材料：玻璃纤维，皮革，泡沫，铝

20世纪60年代，库卡波罗又开始了自己所钟情的塑料材料的探索，他开始以玻璃纤维模压成型技术设计制作椅子的模型，这就是后来著名的卡路赛利椅的雏形。

那时库卡波罗一直在思考如何依据人体的形态去设计能够提供良好舒适性的椅子。从1963年他就开始了这方面的技术研究，最终他找到了一个好的方法。他将很细的金属网放在一个扶手椅上，然后自己坐在金属网上，用自己身体的各个部分去压金属网。由于金属网很细，可以随着压力而变形，因而就形成了完全贴合于人体形态的三维的壳体形状。之后库卡波罗又将三维成型的金属网固定在一个框架上，将浸渍了石膏的麻布覆盖在金属网上以定型。之后又用石膏依据已有的形态继续塑型，并通过不断打磨修正而最终得到完整光滑的表面。通过这样的方法，库卡波罗找到了他一直希望得到的最符合人体形态的椅子的模型。他整整花了一年的时间用这样的方法不断实验，在1964年底他已经做出了一些在这个模型基础上模压成型的玻璃纤维的样品。

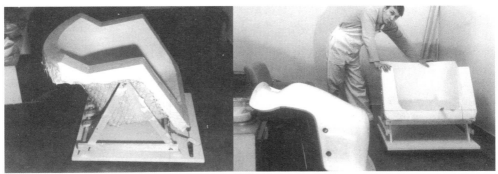

成型过程

在得到了满意的座椅主体的壳体部分后，库卡波罗又开始思考座椅腿部支撑结构的设计。最初他尝试采用金属的底座，但看上去都与座椅主体格格不入。他希望腿部的设计不能破坏座椅主体纯粹流畅的壳体的造型，并且座椅应该是可以旋转的。最终他决定腿部支撑也采用层压的玻璃纤维，他设计了状似鸭脚的形式，低矮的形状即满足了玻璃纤维层压时的技术需要，又与座椅整体很好地融为了一体。最

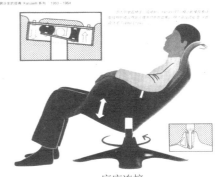

底座连接

有特色的是他并没有像通常椅子那样将腿部支撑部分与座面直接连接，而是利用弧形的铝合金金属部件固定，与底座的连接部分采用了钢质弹簧和橡胶减震器。最初库卡波罗设计的软包部分是将粘了泡沫填充材料的皮革用按扣的方法固定在椅子上。库卡波罗一直很喜欢这个连接设计，但由于这样的方法在完成后由于皮革的边角可能会翘出来，每个椅子不能保持完全一模一样，而最终只能放弃了这个做法。后来就

软包的固定形式

改成了先将泡沫固定在椅子上，再把皮革包覆在上面，但这样整个面料就不能更换了，但却保证了每把椅子都是完全一致的。

1964年底，第一件卡路赛利椅在哈米家具公司制作成型。这件作品与当时的椅子相比完全是一个革命性的创新，以至于就连甘纳·哈米先生自己也对这把椅子是否能够有良好的市场销售而心存疑虑。但是很快这种疑虑就被卡路赛利椅不断取得的巨大成功而彻底打消了。卡路赛利椅第一次亮相于1965年科隆家具博览会就一鸣惊人，意大利著名设计大师、《多姆斯》杂志的创办人吉奥·庞蒂（**Gio Ponti**）在展览中看到卡露赛利椅后就立刻邀请库卡波罗参加1966年在热那亚举办的**Eurodomus**展览会。卡路赛利椅也于1966年登上了《多姆斯》杂志的封面。1971年英国伦敦维多利亚——阿尔伯特博物馆（**Victoria and Albert Museum**）购买了卡路赛利椅作为永久收藏。

卡路赛利椅在造型上充分体现了玻璃纤维自由成型的特质，优美流畅的曲线造型充满自由而现代的气息。依据人体形态的设计，体现了库卡波罗一直所追求的人体工程学的设计理念，自由旋转的设计和减震的底座连接都把舒适性的功能设计体现到了极致。卡路赛利椅是材料、技术、功能和艺术的完美结合，正是这一切成就了卡路赛利椅

卡路赛利椅

20世纪经典家具设计的地位，也成为了库卡波罗最具代表性的作品之一，也是芬兰现代设计最杰出的经典。"如果要列出芬兰现代设计中最具国际声誉的3把椅子的话，那么它们就是帕米奥椅（阿尔托1931年设计）、卡路赛利椅（库卡波罗1964年设计）和球形椅（阿尼奥1963年设计）。而卡路赛利椅当然是其中功能性最好的一件⋯⋯"[拜戈·考尔文玛（Pekka Korvenmaa），2008]。1999年巴黎的国际产品管理协会（International Production Management Organization）在国际设计界邀请了99位著名设计师评出20世纪最重要的99件设计品，库卡波罗的卡路赛利椅名列其中。

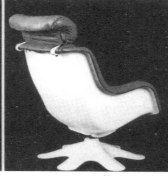

418椅

在卡路赛利椅获得巨大成功后，库卡波罗仍继续沿用卡路赛利椅的设计方法，用玻璃纤维，以及后来的ABS塑料为材料设计了许多的家具模型。后来的Saturnus系列、418椅、415椅、ABS 3429等许多作品都是在此基础上发展出来的。其中418椅在1974年美国《纽约》杂志（The New York）举行的全球"最舒适的椅子"竞赛中荣登榜首，被称为"世界上最舒适的椅子"。

5. Saturnus系列（Saturnus Collection）/1966~1969年

材料：玻璃纤维，皮革，泡沫

在完成了卡路赛利椅系列后，库卡波罗又继续以玻璃纤维为材料开始了其他系列产品的设计。Saturnus系列就是这个时期的作品，成为库卡波罗个人的"塑料设计"时期重要的组成作品。

Saturnus系列包括不同尺度的扶手椅、脚凳及桌子。在造型和结构上基本延续了卡路赛利椅的设计方法，并以贴合人体的人体工程学设计和良好的舒适性而著称。Saturnus系列中不同尺度的圆桌和方桌造型简洁，突出了玻璃纤维材料的质感，桌子腿部基座的形式体现出玻璃纤维层压技术与造型的完美结合。Saturnus桌子系列还以不同的艳丽色彩体现了比以往的家具系列更轻松活泼的艺术风格。

Saturnus扶手椅

20世纪60年代末期，波普艺术已经在众多设计领域得到了广泛的体现，家具的设计美学风格也受其影响，鲜艳的色彩、随意自由的造型成为当时家具设计很流行的风尚。库卡波罗那个时期直至70年代的许多塑料家具设计也采用了明快的色彩和自由流畅的造型，赢得了大众的喜爱。

Saturnus桌子系列

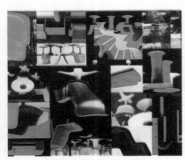

库卡波罗的塑料家具

6. Remmi 椅（Remmi Chair）/1969年

材料：钢管，钢带，泡沫填充材料，皮革

在经历了长达七八年的"塑料设计时期"后，库卡波罗觉得是该转移一下方向，尝试不同风格的时候了。他希望能创造一些新鲜、干净、轻盈的设计，钢管则立刻成为他的首选。虽然早在20世纪50年代库卡波罗就在摩登系列中采用了钢管，并在60年代初设计出了著名的以钢管为框架的Ateljee系列，但库卡波罗还是希望能用这种材料有所创新。

金属弹簧的连接

软体靠垫与框架的连接

在Remmi椅中，库卡波罗采用了与Ateljee系列类似的框架结构，以镀铬的直径为25mm的垂直和水平钢管连接构成整件家具的基本框架。在Ateljee系列中两个垂直钢管之间是通过橡胶带连接固定的，在设计Remmi椅时，库卡波罗最初仍采用了这个方法，但由于Remmi椅整个座面靠背的结构连接是暴露在外的，所以裸露在外面的橡胶带显得很难看。而恰巧在这个时候，丹麦一家工厂推出了他们生产的一种钢质弹簧构件，库卡波罗马上意识到这个构件正好可以解决Remmi椅的连接结构问题。因此最终的Remmi椅在两个垂直钢管之间就采用了一条条这种金属弹簧。这样的连接不需要任何工具，而且可以根据需要轻松地改变椅子的宽度，从扶手椅到沙发，根据用户要求灵活调整。

椅子软体的靠背和座垫与钢框架的连接也非常简单，直接用皮质的带子就可以轻松地绑在钢管上，拆卸方便。其实Remmi椅的名字就是来自于这样的带子，在芬兰语中Remmi的意思就是条带。

可以拆装的零部件

Remmi椅零部件组装的方式使这件家具能够自由地由用户自己安装，并可以根据功能或环境的需要变换椅子的尺度和形式。零部件组装的形式也方便包装和运输。椅子扶手有涂覆黑色塑料的金属，以及自然色或棕色、黑色涂饰的桦木两种材料可以选择。

Remmi椅结构清晰简单，暴露在外的结构和连接形式反而成为椅子独特的装饰细节。在这件作品中，人们能够体会到20世纪30年代的现代主义设计风格的延续，但在库卡波罗的设计下更加突出了材料、功能和舒适性的完美结合。

Remmi 椅

7. Plaano系列（Plaano Collection）/1974年

材料：桦木胶合板，铝，泡沫填充材料，织物

1973年的石油危机平息之后，采用可以替代塑料的材料成为当时人们关注的主题。库卡波罗也认为家具设计的塑料时代已经暂时告一段落了，他需要用别的材料来创造新的作品。他希望能用别的材料来替代模压成型的塑料，很快，芬兰传统的桦木胶合板又重新回到了他的视野。

家具设计在经历了20世纪60年代自由多彩的繁荣之后，70年代又开始回归理性和科学。尤其人们对办公家具和公共空间的家具要求越来越高，严谨的功能和良好的人体工程学设计成为设计的核心。正是在这样的背景下，库卡波罗开始尝试用模压胶

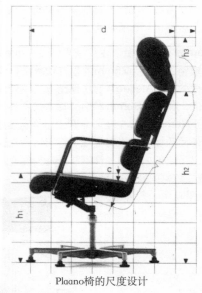

Plaano椅的尺度设计

Plaano椅

合板设计符合人体需要的椅子。

但在当时的芬兰，20世纪60年代轰轰烈烈的塑料时期使得几乎没有工厂再用胶合板来生产家具，甚至连所需的设备和压机都已经报废了。寻找可以使用的压机成为库卡波罗一个难忘的经历，他至今仍记得他和朋友们是如何在一个工厂的角落里将一个20世纪30年代的老热压机从垃圾尘土中慢慢挖出来的。由于是热压机，必须用铝制模具，但制模的花费在当时是令人难以想象的昂贵。因此为了节省制模的花费，库卡波罗又重新更改了他之前就已经画好的一些造型，尽可能地采用接近直线的造型，而且将弯曲部分都统一成一个规格，这样可以仅用一个模具就压出座面和扶手。在胶合板的基本框架之上，再采用软体靠垫来满足人体工程学和舒适性的要求，Plaano椅就是在这样的背景下逐渐完成的。

库卡波罗在用胶合板制作了一个椅子模型后，他的老师——室内建筑师奥利·伯格正在为自己设计的一个位于坦佩雷的酒店寻找一把配套的椅子。伯格看到库卡波罗的这个椅子模型

后，立即就说这把椅子就是最合适的选择。Plaano椅从此开始正式被生产。

Plaano椅的设计体现了库卡波罗一贯坚持的人体工程学和功能化的设计理念。他认为办公家具或在公共空间使用的家具不同于休闲或娱乐环境中的家具，人们需要长时间使用，并且要集中精力工作。因此这类家具必须要符合人体的需要，提供合理的坐姿和舒适性。Plaano椅以中等身材（身高170cm）的人体尺度为设计依据，同时座面高度和头枕的高度都可以调节，从而适应大部分身材的人使用。

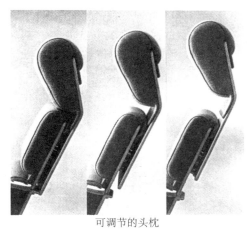

可调节的头枕

椅子座位和扶手的框架采用桦木胶合板，座椅部分的厚度为10cm、扶手部分厚为1.5cm。椅子的软体靠垫在座面、背部、头枕等不同部位采用了不同密度的泡沫填充，所有的靠垫都可以轻松地拆卸，便于清洗维护。

座椅扶手和座面框架的连接也是这个设计的一个亮点。在当时将两个胶合板的材料连接在一起一直是家具连接中的一个难点，库卡波罗和助手们花了大量时间实验了各种方法，并制作了许多的草模和铸件，最终确定了一个铝制的连接件。库卡波罗对这个连接件的设计十分满意，并一直在之后的许多家具中采用。

Plaano椅是库卡波罗塑料时代之后第一件胶合板的家具，虽然受到当时技术和生产条件的诸多限制，但这件作品仍然非常成功。在投入生产后的20年间，平均每年要生产约1万把Plaano椅，这样的记录在芬兰家具设计的历史中是绝无仅有的。

扶手与框架的连接（一）

扶手与框架的连接（二）

8. Fysio系列（Fysio Collection）/1976年

材料：桦木胶合板，铝，泡沫填充材料，织物

到了1976年，芬兰已经拥有了胶合弯曲所需的各种压机等工具，模压的技术和价格已经不再成为设计的一种阻碍了。库卡波罗终于可以利用胶合板来设计他早想实现的更流畅、更符合人体曲线的造型了。他始终认为椅子"必须要尽可能地体现出人体的曲线形状，应该如人体般柔软，如果可能的话，每个细节都应该是美丽的"。正是在这样的信条指引下，库卡波罗设计出了Fysio办公椅系列。

在Plaano系列中，由于受当时技术条件的限制，库卡波罗并没有得到自己理想的椅子曲线。而到了Fysio系列时，模压技术已经非常成熟，库卡波罗依据人体曲线设计出了能够提供良好坐姿和舒适性的轮廓，座椅的曲线就是

可调的设计

人体工程学的设计分析

人体形态的反应，因此几乎不需要特别厚的软体靠垫，椅子就能够提供很好的舒适性。Fysio系列同样以中等身材的人体尺度为设计依据，座面和头枕的高度可以调节以使不同身材的使用者都能获得满意的舒适度。

库卡波罗在进行设计时，进行了大量的人体尺度和姿态的研究，座椅的各个尺寸参数都来自于对人体尺度和舒适性的细致分析。严谨科学的人体工程学设计方法成为这个时期库卡波罗家具设计的核心。正如他自己所说，20世纪70年代是"人体工程学和生态学的黄金时期"。

Fysio系列第一次展出于1976年1月的科隆家具博览会，至今仍在销售，是库卡波罗所有家具设计中最能体现其人体工程学设计理念的作品之一。

Fysio椅

9. Skaala系列（Skaala Collection）/1980年

材料：桦木胶合板，钢管，聚氨酯泡沫，皮革

Skaala椅子的第一件样品很早就设计出来了，早在1960年的米兰三年展（Milan Triennale）中就被展出。但20世纪60年代是塑料家具的时代，这个钢管和胶合板的设计也就被暂时搁置了。直到1980年，库卡波罗又重新完成了Skaala系列的设计并投入了生产。

Skaala系列标志着库卡波罗源于20世纪70年代的"最少的材料消耗和自然的审美风格"的生态设计思想的高峰。Skaala系列采用钢管为基本框架，

Skaala系列

椅子的扶手采用桦木胶合板。整个设计造型极为简单，所有的结构和连接也都暴露在外。这种极简主义的风格甚至在有些人看起来显得过于朴素，但座面和靠背的软垫依然提供了良好的舒适性。

库卡波罗努力使Skaala系列能满足家庭和公共空间的不同需要，他在基本结构的基础上进行不同的改进，设计了不同功能的椅子，有休闲的摇椅、舒适的扶手椅和健康的交谈椅等。

摇椅

与Skaala椅配套使用的SP桌

库卡波罗还在1982年设计了与Skaala系列相配套使用的SP桌子系列。这个系列由不同尺寸的桌面和支撑腿组成，可以根据需要改变支撑腿的长度和桌面的尺寸和形状来组成不同的整体。很久以来库卡波罗都希望能尝试设计桌子，SP系列就成为了他的第一个完整的桌子设计系列。

10. 实验系列（Experiment Collection）/1982~1983年

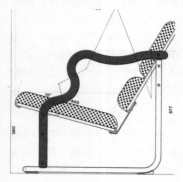

绿色元素

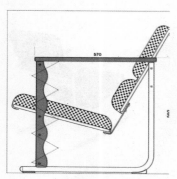

红色元素

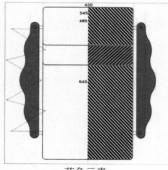

蓝色元素

材料：桦木胶合板，钢管，实木，皮革

20世纪80年代后现代主义（Post-modernism）从美国传入芬兰，开始逐渐影响到建筑、室内乃至家具设计。作为功能主义的代表人物和人体工程学的设计专家，库卡波罗一直不赞同家具设计中脱离功能的过度的装饰，但那个时期他也决定开始在他的设计中尝试一种他自己称为装饰性的功能主义的设计风格。他希望将一些有趣的元素结合家具的功能结构而进行设计。他认为一件家具在满足人们生理需求的同时也应该满足精神审美的要求。

1982年库卡波罗开始了他后来称之为"实验系列"的家具设计。他直接将Skaala椅子的结构借鉴过来，所有的形状都是来自于椅子的功能，用以支撑身体的各个部位。扶手和椅子前腿成为唯一的装饰元素，采用了欢快的色彩和自由的造型。在他第一套的设计中，绿色用在自由的形态上，象征树木；红色用在垂直的形态上，象征火焰；蓝色用在水平的形态上，象征湖面的波浪。库卡波罗认为家具中的装饰元素应该与结构和功能结合，他倾向于有明确目的的使用造型和色彩。

这一系列的设计被视为是库卡波罗对后现代主义表现形式的一种探索。正如他自己所说，"功能主义并非死水一潭，从审美的角度来看，完美将来在形式的运用上必定会更加自由。我对功能主义的基本原则是坚定不移的，但我认为后现代主义有可能发展壮大。设计师必须确定自己的立场，我个人认为我的新家具更接近装饰艺术而非后现代主义。第一次世界大战后流行的装饰艺术是新艺术运动的进一步发展。后现代主义来自美国，是建筑上的一种风格，是对过分的功能主义的一种反抗，后现代主义基于装饰性的元素，而这些装饰在结构上并不是必需的。与此相反，我力图把装饰性的效果赋予家具中那些必需的结构元素。"

实验系列的第一批样品

实验系列（一）

1982年第一阶段的〝实验系列〞作品出现在了米兰国际家具博览会上，立刻震惊了世界。几乎所有的设计杂志和报纸都报道了这个设计，并给予了很高的评价。1982年丹麦哥本哈根的艺术和设计博物馆购买了〝实验系列〞的一件椅子作为永久收藏。在后来的第二阶段和第三阶段的作品中，库卡波罗又对其进行了修改，从而更加适应于批量化的工艺生产。

〝实验系列〞是库卡波罗设计生涯中一个重要的阶段，体现了作为坚定的功能主义者的库卡波罗对现代家具设计中功能与装饰的思考和探索，其意义深远。库卡波罗自己也称〝〝实验系列〞的设计是他整个设计生涯中最大的成功〞。

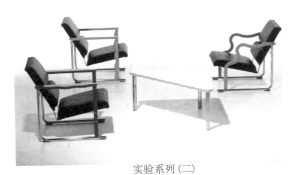

实验系列（二）

11. Sirkus系列（Sirkus Collection）/1981~1984年

材料：桦木胶合板，钢，聚氨酯泡沫，织物

可调节性

在设计了Fysio办公系列之后，库卡波罗觉得这个系列的椅子尺度都比较大，不能适用于所有的办公环境。因此他决定要设计一个尺度更小巧宜人且可以放在任何一个办公室里的椅子。

Sirkus系列依然沿袭了库卡波罗精确合理的人体工程学设计理念，舒适的坐姿并不是通过厚重的软包来实现，而是来自于依据人体曲线模压弯曲出的胶合板框架的轮廓。因此椅子第一眼看上去是那么的"单薄"，甚至让人有些怀疑它的功能。但当人坐在里面时，才会真正体会到舒适的含义。椅子的座高、靠背和扶手都可以独立调节，使不同身材的人都能找到适合自己的位置。

在Sirkus系列的造型风格方面，库卡波罗尝试将带有些后现代主义风格，或者说新装饰主义的亮丽的色彩元素融入这个办公椅的设计，同样造型的椅子可以自由地变换色彩。例如塑料饰面的扶手，以及腿部的彩色塑料覆面条可以选择任何颜色，并很容易更换色彩，而且塑料的封边和覆面还更加耐用和坚固。座椅主体框架的边缘也被饰以亮丽的色彩，成为Sirkus系列最醒目的视觉标志。库卡波罗用这种新功能主义的方法，在家具满足人

扶手和腿部的色彩

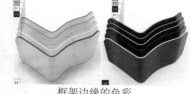

框架边缘的色彩

的生理需求和精神需求，以及功能和审美之间找到了平衡，实现了形与色、功能与精神的完美统一。

Sirkus系列名称的来历也颇为有趣。当时公司为了给这个系列产品起名而进行头脑风暴的讨论，起初定名为Figur。库卡波罗回到家，他的妻子艾米丽（Irmeli）问他们是否已经找到了一个好听的名字，当听到叫Figur时，艾米丽立即脱口而出说："哦不，你们应该叫它Sirkus！"（Sirkus在芬兰语中意为"马戏团"），Sirkus因此而得名。

时至今日，Sirkus系列已经成功销售了30年，深受大众喜爱。

Sirkus系列

12. 梦幻空间（Magic Room）/1987年

空间展示设计

幻梦空间

作为家具设计大师的库卡波罗同时也是芬兰最优秀的展示设计师之一，在他令人难忘的职业设计生涯中，他曾经负责过上百次展示的设计，其中有为公共展览所做的，也有为他自己的展览所做的。在众多的展览设计中，"梦幻空间"最为著名。

"梦幻空间"最早开始于1987年。当时库卡波罗应邀参加在芬兰拉赫蒂（Lahti）举行的"拉赫蒂设计周"（Lahti Festival Week），并在拉赫蒂的城市歌剧院的门厅里展出他设计的家具。库卡波罗曾参与了拉赫蒂城市歌剧院的室内设计，因此剧院里已经有很多他的家具。库卡波罗意识到不能用传统的方法来布展，他决定做一个与众不同的带有虚幻色彩的展示空间。他设计了一个带有两根立柱的半米高的展示台，立柱上固定有灯具。展示台上放置了几件家具，在一个金属框架的桌子上，库卡波罗放了一块绿色玻璃做桌面，当射灯从上面打下来时，便投射出美丽的绿色光影。通过这样的色彩和照明，库卡波罗创造了一种超现实的梦幻空间。

同年的秋天，库卡波罗和雅格·雷曼（Jarkko Reiman）应邀参加荷兰阿姆斯特丹举行的一个家具展览，他决定继续拉赫蒂的展览创意，更加大胆地运用灯光和色彩布置了他的展位，并正式命名为"梦幻空间"。当时"国际工业设计协会理事会"（ICSID，International Council of Societies of Industrial Design）的国际会议正好

幻梦空间

也在那里举行。"梦幻空间"的开幕式被列为其会议的一项活动，几百位参会者参观了"梦幻空间"，这些来自世界30多个国家的设计师们为这个极富想象力和创意的展示所震惊。库卡波罗立即收到了许多参展邀请，他的"梦幻空间"也因此开始在世界各地不断被展出，米兰、斯德哥尔摩、墨尔本、奥斯陆、澳大利亚、中国等，非常成功。

幻梦空间

每一次"梦幻空间"都会有所不同，库卡波罗会根据不同的环境布置场景。他一直致力于发现和完善他的空间形式，色彩、照明，甚至运动的元素都成为他展示设计的重要组成部分。每一次的设计简单但不矫揉造作，通过色彩和光影的娴熟运用，以及完美的细节设计，库卡波罗创造了一种只属于自己的超自然、超现实的"梦幻空间"。

13. Nelonen系列（Nelonen Collection）/1986~1996年

材料：胶合板，塑料，金属

Nelonen系列的设计最早开始于1986年。最初库卡波罗希望设计一个适用于家庭空间的椅子，而最终这个线条简单、功能实用的椅子也很适合放在办公空间使用。

Nelonen最早的设计灵感来自于一年冬天库卡波罗在家门口捡到的一根坏了的曲棍球棍。球棍上绘有"Titan"等文字和图案，库卡波罗很喜欢便留了下来，希望有一天可以利用它来设计一把椅子。Nelonen简单的直线造型大概就是因此而来。

Nelonen在芬兰语中是"4"的意思，这个椅子的来历也有一个有趣的小故事。库卡波罗的女儿在上学时她的一个同学说到考试得了4分，这在芬兰学校里意味着没有通过考试。当把成绩单上的"4"倒过来看时，竟是一个简单的椅子的形状。库卡波罗就用Nelonen来命名他的这把椅子。

Nelonen椅

Nelonen椅采用饰面的胶合板和不同规格的钢管构成主要的框架，靠背和座面则采用了用在汽车方向盘和操纵杆中的塑料。这种塑料在成型时，内部的强度和稳定性增大，但表面却很柔软。

之后库卡波罗又尝试了用各种材料来制作Nelonen椅，如碳化纤维、铝材、丙烯酸纤维等，并在材料表面饰以各种色彩和文字图案，形成了一个具有众多版本的系列。

Nelonen椅

14. 图腾椅（Tattooed Chair Collection）/1991~1999年

材料：桦木胶合板

龙纹椅

库卡波罗在设计Nelonen系列时就开始尝试将一些文字和图案装饰应用于椅子的表面，从而产生一种有趣而丰富的装饰效果。图腾椅系列就是在这样的基础上发展起来的。当时库卡波罗曾邀请他的老朋友，平面设计师塔帕尼.阿尔托玛（Tapani Aartomaa）教授为他的椅子设计一些平面装饰图案。他们用丝网印刷的技术设计制作了一些作品。

1997年库卡波罗应邀为重新改造的赫尔辛基实用艺术博物馆（Museum of Applied Arts）设计座椅。库卡波罗希望椅子造型简单，但却具有强烈的视觉效果。因此他继续和塔帕尼·阿尔托玛合作，又设计了许多不同图案的椅子。1998年"图腾椅"的个人展览在拉赫蒂举行，库卡波罗决定设计一个新的图案的椅子。最终他们从当时还是赫尔辛基艺术与设计大学博士生方海教授的个人收藏中找到了一个中国传统剪纸的龙纹图案。他们将这个图案直接扫描下来压印在椅子的各个零件的表面。这款龙纹椅也最终成为那次展览的象征。

后来图腾椅系列不断扩充更新，库卡波罗为许多建筑环境设计了不同的图腾椅。他为赫尔辛基设计博物馆（Design Museum）的咖啡厅设计了图腾椅，众多国际著名设计师的名字被设计成装饰图案印刷在椅子的靠背上。他还为赫尔辛基机场设计了以森林为装饰图案的桌椅。图腾椅系列发展越来越多，并在世界各地举办了很多的展览。

设计博物馆的图腾椅

设计博物馆的图腾椅

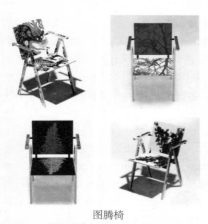

图腾椅

图腾椅是库卡波罗对家具使用功能性之外的象征性的又一次探索。他希望通过不同的色彩文字和图案赋予家具以一定的内涵和意义。如果椅子上有不同的图案和文字，那么它就不再是众多椅子当中普通的一把，而是被赋予了独特的个性。库卡波罗希望用这种全新的方式使设计更有意义，也更能引起使用者的兴趣。

赫尔辛基机场的图腾椅

15. 东西方系列（East- West Collection）/1997年

东西方系列样品 1998年

材料：实木，金属连接件
合作者：方海

　　库卡波罗一直对中国的传统文化和手工艺艺术非常感兴趣，在认识了当时在赫尔辛基艺术与设计大学读博士的中国建筑师方海先生之后，他的这种兴趣变得更为强烈了。而当时方海先生也正在尝试设计具有中国风格的现代椅子，他与库卡波罗合作开始了这方面的探索。

　　方海先生希望能用新的材料，借鉴中国传统圈椅的造型来进行设计。他反复制作了许多模型，库卡波罗给了他很多建议，希望同时为东方系列和西方系列设计不同的变体：普通型、休闲型和摇椅，并为该系列命名为"东西方系列"。

　　1998年初方海先生基本完成了最初的设计图纸，并在中国找到了一位用传统方式制作硬木家具的木匠、专家——印洪强先生来帮助他们制作模型。库卡波罗与方海先生则从那时起开始了与印洪强先生长达十几年并至今仍在继续的合作。在印洪强先生的帮助下，他们几经修改完善，尝试用中国传统硬木、胶合板、普通木材等各种材料，以及金属连接、榫卯连接等不同连接形式。在库卡波罗的建议下，又将座面和靠背改为框架式的结构，从而更接近中国传统家具的风格，并能采用不同材料来填充框架。直到1999年，4件东方全木椅最终成型，分别是以硬木制作的东方休闲椅和标准椅，表面均为清漆；普通木材的东方椅和标准椅，表面均为黑漆。

　　2000年之后随着阿旺特公司与中国家具生产商合作的进一步深化，东西方系列也逐渐被投入正式的生产，推向了市场。

东西方系列样品 2000年

16. 竹系列（Bamboo Collection）/2002年 [●]

材料：竹材
合作者：方海

竹椅

在库卡波罗、方海与印洪强合作的过程中，他们始终在思考不同材料的运用。中国传统家具采用的硬木已经非常珍贵，用什么样的材料来代替传统的硬木并仍能赋予家具以独特的色彩纹理的美感和良好的质感，这个问题一直在困扰着他们。

而就在2002年，库卡波罗和方海受到邀请，参加一个南京林业大学与联合国教科文组织（UNESCO）签订的与竹材有关的项目。中国南方有丰富的竹资源，但多年来竹材并没有得到很好的开发利用。这个项目的主要内容就是研究和探讨竹材的开发，以及在现代工业化生产中的应用，库卡波罗和方海应邀作为项目的设计专家。

以生态设计理念为追求的库卡波罗为能够参与这个项目而感到非常兴奋，他们立即开始了对竹材的研究。在充分了解了竹材的生长环境及材料特性之后，他与方海开始了竹家具的设计。他们以平面和窄条的竹材为基本元素，设计了一些造型简单，具有强烈现代感的家具。在印洪强先生的工厂里，最终制作出了竹家具系列。这个系列目前为止包括沙发、不同形式的桌子、柜子、书架及一把办公椅。竹家具系列采用零部件组装的结构形式，可以轻松地拆装，并方便包装和运输。竹家具推向市场后一直销售很好，目前这个系列的设计仍在继续。

通过这次设计经历库卡波罗深深被竹材独特的特性和美感所吸引。他认为竹材是非常生态的材料，它成材很快，但只要合理加工和利用，它的强度、耐久性都非常好。此外竹材还具有特有的纹理、色彩和质感，使得竹家具拥有与众不同的气质与美感。

● **参考资料：** 1.Yrjö Kukkapuro—Designer, Published on the occasion of the exhibition Yrjö Kukkapuro—Designer 18 January-6 April,2008, in Design Museum, Helsinki.

2.Fang Hai, Yrjö Kukkapuro—Furniture Designer, Southeast University Press, 2001.

竹办公椅

▪库卡波罗的
相关采访

• 我的老师 我的大学

【 根据约里奥·库卡波罗的助手兼好友、芬兰室内建筑师加里·洪伯格（Kaarle Holmberg）的文章《在库卡波罗的大学》（At Kukkapuro's University，2008.），以及对加里·洪伯格的采访整理。】

　　我第一次见到库卡波罗是在1973年，那时候我是赫尔辛基艺术与设计大学一年级的新生。当时我和许多学生与我们的指导老师在走廊里，恰巧遇到匆匆走过来的库卡波罗。我们的指导老师和他打招呼并问起他正在设计的椅子如何。库卡波罗立即停下匆匆的脚步，开始绘声绘色地讲起他的设计，似乎忘了他正急着要去做的事情。一谈起他设计的椅子，这个又高又瘦的绅士用生动甚至有些夸张的形体语言描述起椅子的形态和结构，我们立即被他这样的表述所吸引和感染，我感受到了设计带给他的那份快乐，也希望自己能成为像他一样的家具设计师。

　　1975年我有幸成为了库卡波罗的助手同他一起工作，那个时候我自己的设计理念和方法尚未形成，因此在和他一起工作的同时我努力学习和了解他的工作方式和设计理念。在工作上库卡波罗是个要求很高的人，但与此同时他对我而言又是一个富有耐心的精神导师。我们每天早晨8点整开始工作，我会根据他的指导绘制一些椅子的草图、外形轮廓及做一些模型。库卡波罗常常是先在自己的脑海里勾勒出设计的方案，然后用语言向我描述。有时他还会撕下很小一片速写纸，在上面画出很小的设计草图，之后他会把草图递给我，并说："请把这个画出来吧。"第二天一早他就会检查我的完成情况，看我是否正确地领会了他的意思。这就是我们那时的工作方式。

库卡波罗对工作精益求精，而且眼光异常犀利。一次在哈密工厂（Haimi factory）的工作室，他走进屋，站在门那里瞥了一眼我正在画的图纸，然后就对我说图纸上一个钢管的尺寸有问题，画得太粗了。我还正想辩解，可最终用尺子一量发现果然是我的错，钢管的尺寸仅仅粗了1mm。

在我做库卡波罗助手的时候，正是塑料设计时期的尾声，之后就出现了能源危机。库卡波罗那时就认为用塑料设计自由形体家具的各种可能性已经快被耗尽了，他不会再回到从前。他认为产品设计必须要迎来一个崭新的起点，新的材料、新的设计方法将会替代塑料的设计。但与此同时，他仍然坚信人体工程学的设计和研究还会在设计中发挥重要的作用。库卡波罗开始尝试将塑料成型的造型运用于胶合弯曲的设计之中。他用胶合板模压弯曲了大量的曲线模型，再结合软体靠垫从而创造出优美的形态和舒适的功能。那个时期他的许多设计都非常简约，但关注每一个细节。零件组装式的设计理念也成为他设计的主要特点。他的设计带有强烈的平面设计的理念，比如Sirkus系列中，一条简单的红色、黄色等彩色的轮廓线就勾勒出了一把椅子的形态，剩下的就是考虑如何用软体材料保证人体工程学的舒适性而已。这就是真正的库卡波罗的设计，功能与美的完美结合在他的诠释下就是这么简单而明确。库卡波罗还十分钟情于家具的组装结构和连接件的设计。这些看似微小的细节，在库卡波罗看来却充满了无穷的智慧和乐趣。他觉得让用户通过一个个设计精致巧妙的连接件将家具组装起来，就像孩子玩积木玩具一样富有乐趣。快乐始终是库卡波罗设计哲学中重要的组成部分，他积极乐观的设计理念和生活态度也一直体现在他的家具设计之中。他的这种乐观的设计理念和生活态度贯穿于他漫长的设计生涯，也同时为他赢得了在芬兰设计界的重要地位和众人的尊重。

在完成了作为库卡波罗的助手的工作之后，我开始了自己的设计，但在之后的很多年仍和他一起完成了许许多多的设计项目。还记得一次我们受委托设计一个纺织品工厂的办公室，雇主提出的唯一要求就是希望我们设计一个"尽可能疯狂的室内空间"。会议之后我们驱车回赫尔辛基的路上，前半个小时里我们俩都很沉默。那时的我对库卡波罗已经十分了解，因此我的大脑也开始运转思索，并猜测库卡波罗会有什么样的想法。当库卡波罗开口讲他的设想时，我们自然不谋而合，方案很快清晰起来。当我们到达赫尔辛基的时候，整个设计方案已经讨论得很完整了。第二天一早我们就开始绘制图纸，一个非常具有创意的空间设计就这样诞生了。

库卡波罗是一个非常儒雅谦卑的人。在我认识他的几十年里，我几乎听不到他批评否定任何人。他是那么负有盛名的一位设计师，却总是以一个善良谦逊的心胸去接纳和包容别人。而这正体现了他伟大的思想和智慧。

库卡波罗在他几十年的设计生涯里创造出了众多经典而伟大的作品。他最早设计于1958年的椅子至今仍在生产并销售得很好。正是他的勤奋和对设计的热爱造就了这样一位设计大师。

• 真正的大师

[根据方海先生的文章《约里奥·库卡波罗,设计大师》 (Yrjö Kukkapuro, The Great Master,2008.) ,以及对方海先生的采访整理。]

我是在1993年第一次知道库卡波罗这个名字的。当时我在海南做建筑师,我买了一本名为《斯堪的纳维亚设计》的系列杂志,在杂志上我第一次看到了库卡波罗的家具设计,并立刻被他的设计所吸引。我还逐渐注意到了他的设计和中国传统家具设计有某些神似的地方。而正是这样的一个经历成为了我后来选择在芬兰研究沙里宁、阿尔托及库卡波罗的一个重要原因。

1997年,在我到芬兰研究学习的第二年,我有幸开始跟随库卡波罗学习和工作。我当时在赫尔辛基艺术与设计大学攻读博士学位,研究的课题是"现代家具设计中的中国主义"(Chinesisim in Modern Furniture Design)。课题的研究得到了库卡波罗的指导,并与其一起合作尝试设计了"东西方系列"家具。

库卡波罗是我们这个时代真正的大师,他具有开阔的视野和不断创新的精神。库卡波罗总是亲自动手制作设计样品,他的设计尊重材料的自然特性,以功能为出发点,突出人体工程学的设计理念,从而实现形式美与功能的完美结合。他对设计有着自己独到的理解,认为当科技与功能的原则融入了美学,就变成设计。同时他对以生态为基础的设计理念的发展也做出了很大的贡献,他将生态学、人体工程学和美学列为家具设计的三大要素。

除了自己身为设计师外,库卡波罗还作为一个设计教育者,对芬兰乃至国际许多年轻一代设计师产生了重要的影响。在中国,库卡波罗的设计具有很大的影响力,他甚至通过他的设计、教学、做设计竞赛评委和讲座等工作,对中国现代家具行业的发展做出了很大的贡献。

在我跟随库卡波罗学习后不久,我就决定要邀请库卡波罗到中国访问。那时中国的设计师及中国的家具业都迫切需要从一个真正的设计大师那里获得新的思路和方法。1998年4月库卡波罗与夫人首次来到中国,开始了与中国的第一次接触与合作,从那之后库卡波罗多次来中国,在北京、上海、南京、深圳、无锡、广州、顺德、武汉、株洲、大连及成都等多个城市的大学、机构做讲座。许许多多的中国学生、设计师、家具企业的管理者有幸聆听了他的讲座,从中受益匪浅。而这些人也已经逐渐成为中国家具业的生力军。

此外上海阿旺特-瑞森 (Avarte-Rison) 公司的成立也是库卡波罗与中国合作的重要部分,阿旺特-瑞森公司成为了世界上第二个授权生产库卡波罗设计的生产商。通过与这个公司的合作,库卡波罗经典的家具设计得以在中国生产并销售。发展至今,阿旺特-瑞森公司已经成为中国家具生产行业的领军企业之一。越来越多的中国及世界各地的客户开始在中国上海购买库卡波罗的经典设计。

库卡波罗早就对中国传统艺术文化很感兴趣，尤其是中国传统建筑、家具的工艺。而在中国的一次临时安排的参观，激发了库卡波罗的"中国情结"和新的设计合作。

1998年库卡波罗在当时的无锡轻工业大学举行讲座，之后学校安排他去参观无锡88m高的"灵山大佛"。库卡波罗一直表示希望能参观一些中国传统木作工艺的作坊或工厂，因此在途中由周浩明教授推荐改道去了"江阴市长泾红木家具厂"（印氏红木）参观。"印氏红木"的传人印洪强先生杰出的钻研精神、创新热情及高超的制作技艺都使库卡波罗大为赞赏。尽管语言不通，但两人却一见如故。库卡波罗在参观过程中详细了解了中国传统家具的榫卯结构与制作工艺，并与印洪强先生进行了认真的讨论。那次计划之外的造访经历让库卡波罗激动不已，他丝毫没有对未能参观"灵山大佛"而感到任何遗憾，而与印洪强先生的结识和在工厂的参观则激发起了他创作"中国椅"的强烈愿望。之后他就与我一起展开了后来名为"东西方系列"家具的创作，由"印氏红木"制作样品。这个系列的设计基本理念就是将库卡波罗的设计经验与中国传统家具设计元素与制作工艺相结合，汲取中国传统家具的一些结构特征和造型要素，但又进行现代设计的简化和创新。在"东西方系列"家具的设计中，库卡波罗依然坚持他人体工程学的设计理念和方法，所有椅子的每个尺寸都经过了人体工程学的计算和考量。设计几经修改，不断完善，最终获得了很大的成功。近年来，库卡波罗和我又与印洪强先生合作，以竹材这一生态材料设计制作了一系列的家具，至今市场销售也非常好。与印洪强先生合作的十几年，库卡波罗与他及其家人都成为了很好的朋友。印洪强先生的企业也因为与库卡波罗的合作不断发展扩大，从1998年2000m²的面积的生产工厂发展为今天7000m²的生产面积，其产值也是当年的20倍。

库卡波罗在其漫长的设计生涯中，历经了各种艺术潮流风格的更迭变换，但他始终坚持自己的风格，从不随波逐流。真正的大师应该创造出经得起时间考验的永恒的作品。而库卡波罗最早期设计的家具至今仍在生产且畅销不衰，这样的设计历久而弥新，经得起时间的考验，因此他是设计的智者，无愧于真正的大师。

3

Yrjö Wiherheimo

约里奥·威勒海蒙

■ 威勒海蒙的
设计经历

约里奥·威勒海蒙（Yrjö Wiherheimo），1941年11月出生于芬兰的赫尔辛基(Helsinki)，他的父母都从事科学研究工作，父亲还是芬兰一位小有名气的发明家，他的父母并没有期望他从事和艺术相关的职业，但是威勒海蒙从小就对艺术和建筑非常感兴趣，他经常和他的邻居、一位非常有才华的艺术家一起画画。上初中的时候，他的艺术老师也对他产生了很大影响，威勒海蒙回忆说："是他让我认识到艺术有多么的特别。"在报考大学的时候，威勒海蒙有两个选择，一是选择建筑院校；另外一个就是选择实用美术学校，但他不喜欢数学，也十分不擅长数学，所以最终他选择了学习实用美术。1963年，威勒海蒙考取了阿黛农实用美术学校（现在的赫尔辛基艺术与设计大学），学习家具设计和室内设计。

约里奥·威勒海蒙

当时在阿黛农实用美术学校有很多非常著名的设计师，例如凯·佛兰克（Kaj Franck），他主要教授一些艺术与设计的入门课程，他不仅是一位好老师，还做了很多优秀的玻璃设计和陶瓷设计，其成就是举世公认的，他是对威勒海蒙影响最大的一位老师。另外如伊玛里·塔佩瓦拉（Ilmari Tapiovaara）和约里奥·库卡波罗（Yrjö Kukkapuro）也给了威勒海蒙很多有益的指导。经过在大学里几年的专业学习，威勒海蒙对设计产生了更深刻的认识，他从简单的对设计仅仅是感兴趣变成了一种对设计的热情，他深深地感到这是一个需要认真对待的工作，而且他发现要想成为一名优秀的设计师需要一个漫长的过程。

威勒海蒙的毕业设计选择跟随库卡波罗做家具设计，当时库卡波罗正将他的所有精力都放在玻璃纤维家具的设计和制作上面，库卡波罗在威斯库尔玛（Viiskulma）建立了一个小型的地下工作室，威勒海蒙直到现在仍然还记得那里总是充满着石膏灰尘。玻璃纤维的有机形式让威勒海蒙着迷，而制作玻璃纤维家具必须具有足够的耐心，必须确保每一个步骤都是正确的，那是一个非常繁重的工作，而且要经历无数次的失败。

作者和威勒海蒙的妻子

这次毕业设计的经历，让威勒海蒙学习到了非常多的库卡波罗的工作方法，这对他后来的家具设计产生了重大的影响。

1967年，威勒海蒙大学毕业，当时芬兰经济并不是很景气，对于一个刚刚毕业的年轻设计师来说，很难找到一份称心如意的工作，但是威勒海蒙却很幸运。有一天他去威斯库尔

玛，看见一面墙上贴着一个告示，招聘电影布景设计师，他便去最近的电话亭给那个电影公司打电话，结果他非常容易地就获得了那份工作。在做布景设计师的同时，他也为一些广告公司和服装公司进行一些室内设计。但是，威勒海蒙从未放弃设计家具的想法，这种想法总是在他的脑海之中萦绕。1969年，威勒海蒙和他的好朋友西蒙参加了一个非常重要的家具设计比赛，设计竞赛的名字叫"The Great Asko Chair Design Competition"，是由芬兰著名的家具公司阿斯科（Asko）公司举办的，评选委员会由当时非常有名的一些设计师组成，他们设计的Reikarauta椅获得了那次比赛的第一名，在那次比赛之后，威勒海蒙花了10年时间在建筑设计和室内设计方面，一直到20世纪70年代末期，他开始感到如果想做家具设计必须马上开始，否则可能永远也没有机会了。于是在1979年，威勒海蒙设计了Verde系列家具，这是建立在

作者和威勒海蒙

一些简单的想法基础之上的设计，这些想法是他从库卡波罗和其他的大师那里学习到的一些设计的基本原则。设计完成后如何将其投入生产是一件让威勒海蒙头疼不已的事情，如果去和阿斯科（Asko）公司或者伊斯固（Isku）这些大公司商谈投产的事情的话，一定会被拒绝，因此，必须建立自己的公司，但是他并没有足够的资金，幸运的是，这时候他从一些朋友那里获得了帮助，他和他的朋友们一起建立了Vivero公司。但是公司建立后，并没有如当初想象的那样获得足够的订单，不久，公司就由于经营不善濒临破产的边缘，他们不得不把公司卖掉。玛缔·尼曼（Matti Nyman）购买了他们的公司，威勒海蒙仍为公司工作，职务是首席设计师和艺术指导，从那时开始，Vivero公司在威勒海蒙的生活中就占有着一个非常重要的位置，他的大部分人生都在为它而忙碌，迄今为

作者和Vivero公司负责人玛缔·尼曼

止已经有25年了，Vivero公司和其他大部分的芬兰公司采用同样的生产模式：从供应商那里获得所有的零部件，设计来自设计师，公司负责市场和宣传。

在从事设计工作的同时，威勒海蒙在20世纪70年代就开始了他的教学生涯。1974年，他被赫尔辛基理工大学（Helsinki University of Technology）建筑系聘请为教师，教授室内设计，聘期在1979年结束。两年后，也就是1981年，他又被赫尔辛基工业美术大学（Helsinki University of Industrial Arts）录用，教授家具设计，所有这些教学经历都为他日后成为赫尔辛基艺术与设计大学的家具教授奠定了坚实的基础。

Vivero公司展厅

1988年，威勒海蒙接到一个来自瑞典同事——欧勒·安得森（Olle Anderson）的电话，他在Klaessons Möbler的瑞典家具厂做设计师，他和他的经理正在考虑建立一个北欧设计组，邀请威勒海蒙和西蒙加入，威勒海蒙和西蒙欣然接受了这个邀请。这是一个和以前不同的计划，这家公司给了他们非常多的机会，但是却不需要负太大的责任，只需要关注品质，他们

热爱运动的设计师

得到了很多资金上的支持。威勒海蒙和西蒙与Klaessons公司合作近20年，设计了一系列品质高，畅销的家具精品，其中比较有代表性的有：Flok椅、Adam椅和Moses椅。这种和瑞典家具公司的合作关系不仅为威勒海蒙带来了更多的客户资源，而且也为他带来了在国际上的声望。

威勒海蒙在20世纪80年代也获得了很多设计奖项，其中包括1983年在"芬兰设计"展览中获得荣誉提名，1986年，在米兰三年展中获得荣誉提名等，同时他也获得了很多政府的资助项目，其中包括：1981年获得芬兰文化基金会的资助项目，1983年获得一年的政府对艺术家的资助项目，1987年获得了特别政府津贴等，所有这些奖项和资助项目的获得都给了威勒海蒙很大的鼓励，也使他拥有足够的资金可以进行家具设计方面的试验和尝试。

从1990~1999年这10年是威勒海蒙成果丰硕的10年，他的很多在日后畅销不衰的家具作品都是在这段时间设计的，其中包括著名的鸟儿椅（Bird chair）、皮与骨椅（Skin&Bones chair）、Ilo系列家具、PikPak系列家具和Plus系列家具等，这些作品大部分都是为维威罗（Vivero）家具公司设计的，其中大部分直到现在还在生产，可以说是经得起时间考验的家具精品。在这期间，他也获得了无数的设计奖项，其中比较重要的有：1991年获得最佳芬兰室内设计师奖，1994年获得北欧设计管理奖的国家提名，1998年获得SLIR的荣誉奖等。另外，对威勒海蒙来说，在1997年发生了一件对其职业生涯来说非常重要的事情，他被赫尔辛基艺术与设计大学聘为家具设计系的教授，这一职位在芬兰举足轻重，因为在家具设计系只有一位教授，而芬兰的设计师大部分都是从这所学校毕业的，所以这个人必将对芬兰家具教育及家具发展产生重大的影响。从1997年接受任职到2006年退休，威勒海蒙在这个职位上工作了10年，他的教学方式安静而谦逊，总是鼓励学生发展他们自己的风格，并努力在作品中达到一种清晰的结构和造型。

2000年以后，威勒海蒙在接受很多室内设计委托任务的同时，也不断设计出一些优秀的家具作品，例如，Vilter系列，Rods系列和沙发系列作品——In&Out、Yes Box和Wallu。在这段时期，威勒海蒙依旧坚持自己一贯的设计原则，但是同时他也注重在作品中使用一些新材料和新工艺，满足人们不断变化的对家具造型和功能的需求。

虽然现在威勒海蒙已年近70岁，但是他仍然坚持工作，依旧活跃在芬兰设计行业的第一线，对他而言，生活和工作难以分割，生活就是工作，工作也就是生活，他一生所坚持的功能主义的设计风格和踏实的工作作风依旧影响着他周围的年轻一代的设计师，而威勒海蒙对芬兰设计所做出的卓越的贡献也必将被后来者所铭记。

■ Yrjö Wiherheimo英文简介

Yrjö Wiherheimo graduated from the Ateneum School of Applied Arts with a Diploma in Interior Architecture in 1967. Shortly afterwards, he became an independent designer. But most of the project is about interior design. What furniture he had designed during that time was the odd bed for Haimi, some garden furniture for indoor this and that. But there were certain ideas that he had been thinking about for a long time, so in the late 1970s he designed the Verde series, which was based on really simple ideas. The ideas were based on principles learnt from Kukkapuro and the other masters and the awareness of the fact that every step had an effect that whatever you did was going to affect something else and that any material you used, ant structures you designed, anyway you were going to manufacture it – it all had to make sense, that was no need to go overboard with anything.

He did not want just thick foam or other gimmicks for comfort and flexibility, he wanted something different. So he designed a small spring device for the critical points between the seat and the back of a chair. In order to manufacture the series he and Simo Heikkila set up a company of they own. They got help from a few friends. Their friends had very useful contacts, and that's how they got in touch with the Regional Development Fund which gave them a loan. So they got money and could get the first Verde series out. In the early 1970's, they set up VIVERO Oy. Actually the company was not a great success. Then Matti Nyman bought the company and Yrjo Wiherheimo became the artistic director of VIVERO Oy. The company work the same way as every other company, it buys components and sells finished products, and they take care of the design side. VIVERO gets all the components from suppliers, designs from designers and graphics from Aimo. It handles the marketing and publicity and makes sure that everything is done in the right orders, at the right place, at the right time. That's how it works. Matti Nyman has done a great job in all these years.

Most of Yrjö Wiherheimo's design are for VIVERO Oy. The principle he followed these years is functionism. He thinks that part of the furniture industry has nothing to do with a trend or a boom or a brand. He said: "Anyone who wants to be creative, individual and progressive designer or artist or architect, writer, poet, or bugler even, anything at all, has to find their own way and see if the road they have taken leads anywhere and do their work properly. Even if they had never made it to their final goal they had have to follow their heart and their vision. They have to believe that their goal is valuable enough to achieve. If they decide to take their lead from whatever happens to be trendy on they'll be completely lost because fashion trends aren't something they can have a say in Fashion and Fads come and go. "Yrjo Wiherheimo think the most difficult part is trying to creat a beautiful product where every aspect has been thought out down to the last detail in appearance and character, whether in terms of materials, ergonomics or structure. "It is like cooking a meal that will taste and look and smell so good.

Kristiina Wiherheimo, Yrjö Wiherheimo's wife is a textile designer. They have also founded a company of their own, KYW Design Oy in Hevossalmi, Helsinki. Yrjo Wiherheimo has been teaching since the 1970s, both in Finland and widely abroad. Now Yrjö Wiherheimo has been retired from Aalto University but he is still doing furniture design for VIVERO and other companies.

■ CV

约里奥·威勒海蒙 （Yrjö Wiherheimo）

建筑师，设计师
1941年11月8日出生在赫尔辛基（Helsinki），从此一直居住在这里

工作经历

1967年	成为一名建筑师，设计师
1969年	开始成为一名自由职业设计师
1974~1979年	在赫尔辛基理工大学(Helsinki University of Technology)建筑系任教
1969~1973年	在芬兰室内设计师协会(Interior Designers Association in Finland)任副主席
自1980年	任Vivero公司艺术指导
自1981年	在赫尔辛基工业艺术大学（Helsinki University）教授家具设计
1981年	和妻子一起创办了KYW公司，并且担任首席设计师。
1985年，1986年	担任芬兰工艺设计协会（Finnish Society of Crafts）理事成员
1994年	赴智利圣地亚哥基督教大学（Santiago Catholic University）做访问教授
1997年	赴阿根廷Buenosaires大学做访问教授
1997年	开始在赫尔辛基艺术与设计大学（University of Art and Design Helsinki UIAH）任家具设计系教授

多次受邀在国内和国外学术会议中演讲
在许多国内和国际工业设计展览中进行展览设计

在以下博物馆中设计被作为永久收藏品

英国伦敦维多利亚和阿尔伯特博物馆（Victoria and Albert Museum）
美国纽约Cooper-Hewitt博物馆（Cooper-Hewitt Museum, New York）
德国汉堡Kunstgewerbe博物馆（Kunstgewerbe Museum, Hamburg）
挪威奥斯陆Kunstindustri博物馆（Kunstindustrimuseet is Oslo, Oslo）
芬兰赫尔辛基实用美术博物馆（Museum of Applied Arts, Helsinki）
冰岛设计博物馆（Design Museum, Island）

获奖情况

1981年	获得政府实用美术奖（Applied Arts）
1981年	获得芬兰文化基金会颁发的奖学金
1981年	获得芬兰国际家具博览会设计奖
1983年	获得一年的政府艺术津贴
	在"芬兰设计"展览中，1983年获得两项提名，1986年获得三项提名
1984年	获得芬兰最佳家具设计奖
1985年	获得the Greta and William Lehtinen基金会的奖学金
1986年	获得芬兰家具出口协会的执照
1986年	获得米兰三年展的荣誉提名
1987年	获得特别政府津贴
1990年	获得三年政府艺术津贴
1991年	获得芬兰最佳室内设计奖
1991年	获得赫尔辛基艺术与设计大学的研究奖学金
1994年	获得北欧设计管理奖的国内提名
1999年	获得特别政府津贴
2000年	获得有些瑞典设计奖
2001年	获得伊玛里·塔佩瓦拉奖（Ilmari Tapiovaara）的第一名

合作过的客户名录

Oy Veho Ab

Oy Julius Tallberg Ab

Piretta Oy

Torstai Oy Metsähallitus

Oy Mercantile Ab

Suomen 3M Oy

Oy Kockums Industri Ab

Crea-Filmi Oy

Crea-Video Oy

Interest Oy

ProVideo Oy

Kolmosstudio

Tahkovuori Oy Suomutunturi Oy

Lapin Maakuntamuseo

Suomen Järvikalastusmuseo

VB-valokuvauskeskus, Kuopio City

Texmads Ab

Woodpecker Oy

Teollisuuden Voima Oy

Talouselämä

Rajahuolinta Oy

Oy Wulff Ab

Postisäästöpankki

Suomen Vientiluotto Oy

Marimekko Oy

Nokia Oy

Suomen BASF Oy

Kainuun Sanomain Kirjapaino Oy

Tampereen Konsertti- ja Kongressitalo

Kajaanin Seurahuone Oy

US-USSR Trade and Economic Council, Moscow

Pullman Inc., Moscow

General Electric, Moscow

Capella Academi

Hewlett Packard, Moscow
The Finnish Society of Crafts and Arts
Kansallis-Osake-Pankki
Finnair Oy Markkinointi Törmä Oy
Lappeenrannan Musiikkiopisto
City of Lahti/Skiing Museum
Savonlinna County Museum/
"Savonlinna"-ship
Enso-Gutzeit Oy
Helsinki Airport
Scandinavian " Varde "- project
Alko Oy
Varesvuo Partners
Cultor Oy Keilaniemi
Court House, Helsinki
Sailtech Oy

New Zealand Embassy, Moscow
Bank of Finland
Tiedekeskussäätio

Oy Mercantile Ab/Nordcenter
Ekono Oy
Riihimäki Recycling Fair
Imatran Voima Oy
World Trade Center, Helsinki
The City of Helsinki
Pro Paulig Oy, Merikeskus.
Valmet Automotive Inc.
University of Art and Design, Helsinki (UIAH)
Kone Oyj
Varma Oyj

■威勒海蒙的
设计理念和风格

—— 我对家具设计的理解

　　不能否认我有时会嫉妒艺术家可以自由地进行创作，因为他们可以不需要考虑任何和生产相关的东西，例如材料、结构和工艺。但是我也十分喜欢设计师的工作，当我获得一个公司的委托进行设计时，我就获得了一个机会，同时也赋予了我很多责任，我可能会设计出一些非常重要的东西，但是无论如何，只设计出一个季节的产品是毫无意义的，是我自己坚决反对的。设计师应该努力设计出那些经得住时间考验、永不褪色的作品，季节性的成功永远只是季节性的，只有那些可以被称为"常青树"的作品才能称得上是真正成功的作品。任何与潮流，或者与时尚有关的东西都注定是寿命很短的或者是暂时的。

　　任何人如果想要成为有创造性的、有个性的、进步的设计师、艺术家或者是建筑师、作家、诗人甚至是喇叭手，首先必须要找到他们自己的方法，而且要看这条路是否正确，他们可以做好他们的事情，即使他们从未达到他们最终的目标，他们也应该坚持自己内心的原则。他们必须要相信他们的目标是有价值的，而且可以达到。如果他们决定走一条时尚、潮流之路，他们一定会失败，因为时尚不是那种他们有发言权的东西，它是那种已经被其他人决定好了的一些东西，一些人已经决定了明年春天将会流行什么，6个月前所有的一切都变成了一堆垃圾。你却不能对所有的这一切说什么。时尚就是来来去去，然而现在，对我而言，如果我已经清楚我要去向何处，我就不会介意雪有多深，这就是我的工作方式。

　　我意识到家具设计总是和发现一种工艺解决方案或者一个小的细节有关，有时是一种雪球效应，可能开始于一种铰链或者其他的东西。但是现在，在这一行业已经没有多少美感可言了或者至少我看目前的流行趋势是这样的，今天似乎非常重要的事情就是炫耀视觉效果。任何被创造的和开发的展示给公众的东西都和我们那个时代努力追求的东西完全不同。我非常欣赏细节的价值，但是今天的媒体不会关注在一件家具上你使用的螺钉是黑色的、黄色的或者其他什么颜色，但是正是这种细节，却是设计工作中最有意思的部分。特定的细节和材料的选择使设计产生差异，设计中最困难的部分就是试图创造一件美丽的作品，它的每一个方面都经过深思熟虑，每一个细节都很完美，无论是材料、人体工程学方面还是结构方面，那是工作中真正困难的部分，每个人都可以设计一把椅子，每个人都可以想出一种结构和尺寸，但是有可能所有的构成都是错误的。设计就像是煮饭一样，而材料、结构、造型和工艺就像是煮饭的原料，将这些东西以一个原创的、个性化的方式放在一起是最困难的问题，要尝起来、看起来、闻起来都很好，如果用同样的成分让10个不同的人来做这顿饭，结果一定也不同，或者应该不同。

　　家具设计师是为大量人群设计东西，当你设计的作品将要以成千上万的数量生产的时候，那就涉及了一种责任感，但那正是我们的目标，你的和我的，还有其他设计师的，我们一直以来的目标，这并不容易。每个人都应该遵循自己选择的道路，创造出好的作品是一个英雄，但是变成普通设计师也没有什么错，这是一个宽阔的舞台，每个人都可以表演一个重要的角色，事实上他们都承担着某种责任，英雄们对英雄主义负责，其余人必须确保维持基本的标准，而那些把一个英雄放在公众面前的人们——在大多数情况下是媒体——也承担着一种责任，但是真正的英雄不需要任何大肆的宣传，他们只是对于他们做的事情很擅长而已。

　　经过这么多年的个性化的设计方式，对于年轻学生来说，要想表达他们如何看待事情和他们想要说的事情越来越难了，而那总是我们不断强调的事情，总是强调个性化的方式。事实上他们并不需要必须寻找那种方式，所有他们需要做的，就是相信他们自己，他们并不需要在全世界旅行来获得那种所谓的设计灵感。我想对年轻的设计师们说："你在你自己身上发现你自己，你必须要相信你自己，要自信，跑到美国或者意大利，或者任何地方来发现你自己都毫无意义，你就是你所在的那个地方的自己，如果你足够自信，你就会发现你自己，自尊也是非常重要的。"

■威勒海蒙的
经典作品分析

1.鸟儿椅（Bird Chair）/1992年

材料：钢材，桦木胶合板，实木
合作者：拜卡·考雅(Pekka Koja)

"*在设计的每一个程序中都会产生某种效果，无论你做了什么都会对其他的事情产生影响，任何你使用的材料，你设计的结构，以及你的生产方式，所有的这一切都必须有意义。*"

——约里奥·威勒海蒙

鸟儿椅

在设计的早期阶段，威勒海蒙已经决定沿袭其一贯的做法——采用钢制的框架和胶合板模压的座面和靠背，考虑到需要可以堆叠，所以腿部向外撇开，为了增加使用者的舒适性，靠背形成一定的弧度，结构力求简单清晰是威勒海蒙的一贯设计原则。

在进行扶手设计的时候，威勒海蒙改变了常规的做法，而选择了这种短小的实木零件，这是点睛之笔，这种短小的扶手不会影响使用者的坐下和站起，同时又给使用者的肩膀提供舒适的休息地方，而且椅子的形象又大大得到了改变。扶手的那种弯曲的角度，很像飞翔的鸟儿的翅膀，而正面靠背上的黑色螺钉又像鸟儿的眼睛，所以将

鸟儿椅局部

其取名为鸟儿椅。关于这个名字，威勒海蒙解释说："实际上并不是最初就想将它设计成鸟儿的形状，而是设计后看它的感觉很像一只鸟，当然螺钉的使用是为了结构上的要求，是为了将腿和靠背连接在一起，但是你也可以看见它，所以某种程度上它也是造型的一部分，是一个小细节。"

鸟儿椅有多个版本，包括使用两种不同的框架材料（木材和钢材），有扶手的和没有扶手的，座面的高度也有高矮之分，座面的倾斜角度和靠背的弯曲弧度也有差异，为了适应在教室中使用，威勒海蒙还在椅子前面设计了可以翻起的小桌，更方便学生读写。

带小桌板的鸟儿椅

鸟儿休闲椅

鸟儿椅在一些学校已经使用了15年，但是现在仍然很结实，这也证实了鸟儿椅的构造非常好，因为在那里有很多学生，每天都有很多人在频繁地使

成排的鸟儿椅

用。但是威勒海蒙却说："我想15年只是一个普通的使用年限。通常你看见一件家具，例如一把椅子，你会立即对其结构有一定的理解，对于其舒适性会有一定的预期，而这把椅子则很好地印证了你的预期，它很舒适，而且很结实。"

鸟儿椅是威勒海蒙和他的合作者拜卡·考雅（Pekka Koja）一起完成的，拜卡在威勒海蒙的工作室里工作了20多年，他是威勒海蒙的模型制作师，有时也会在一件作品的设计过程中给予一些意见，所以威勒海蒙更愿意将他作为自己的设计搭档，在他参与制作的设计作品后面都会属上拜卡的名字。

鸟儿椅的正面形象

2.皮与骨椅（Skin & Bones Chair）/1992年

材料：钢材，桦木胶合板，皮革

皮与骨椅

"我在设计一把椅子的时候，最先考虑的一定是如何将座面和靠背、扶手支撑在一定的高度和角度上，然后再考虑细部的构造，很多时候都是将同样的设计原则反复使用。"
——约里奥·威勒海蒙

威勒海蒙一直以来都在研究在椅子的设计中应用三维弯曲的胶合板，但是很难，胶合板十分容易折断，于是威勒海蒙便想出了一种折中的办法，化整为零，他将整块板变成一块一块的板条，这样一来三维弯曲就变得很容易了。每一个条状零件都是用模压胶合板制成的，上面覆盖的是皮革或者织物，你可以感觉到其灵活的结构，这就像女人用来塑形的紧身衣一样。

皮与骨椅有金属框架和木质框架两个版本，效果完全不同。其中金属框架的"皮与骨"椅效果更为强烈，皮与骨椅的座面下部是由非常纤细的彼此穿插在一起的金属棒构成，因为金属部分零件非常细，所以需要使用这种交叉的结构，使其具有足够的强度，这样的结构也是非常合理的。这种设计手法并不是设计师常用的，整体效果非常优雅，而且形成了某种对比。

关于名字的来源，威勒海蒙解释说："我原本想取名为'corsetting'，就是女性为使自己显得更加苗条使用的塑身衣，这也是我设计的灵感来源，后来觉得这个名字过于直白，就没有使用，而采用了这个名字——'皮与骨'，这是来自于座面和靠背的制作方法，外面的皮革是'皮'，而里面的胶合板条就是'骨'。"

威勒海蒙的大部分家具作品都是为芬兰Vivero公司设计的，这是他和几个朋友一起创建的公司，后来在20世纪80年代初卖给了玛缔·尼曼（Matti Nyman），威勒海蒙成为了公司的艺术指导，从那时候起，Vivero公司在威勒海蒙的

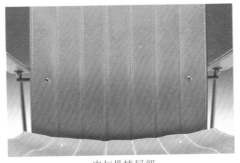

皮与骨椅局部

生活中就占有了一个非常重要的位置，他的大部分人生都在为它而忙碌，迄今为止已经有25年了。

　　Vivero公司和其他大部分的芬兰公司采用同样的生产模式：从供应商那里获得几乎所有的零部件，威勒海蒙和公司的其他设计师们负责设计的部分，公司主要负责市场和宣传部分，确保每一个步骤的正常运转。威勒海蒙说："我希望Vivero的规模可以变得大一些，像Avarte公司和Mobel公司那样，这样一来我们就可以将事业扩展到国外，但是想要在像芬兰这样小的市场之外获得立足之地是一件非常不容易的事情。另一方面，我也并不认同将大型的家具运输到国外这种做法，这除了浪费之外看不出任何意义，所以规模小有时也是一件好事。"

皮与骨椅的木质版本

皮与骨椅

3. "Ilo" 系列家具/1990年

材料：钢材，胶合板

"一个设计师找到一个可以一起工作的客户就意味着建立了一种委托关系，设计师应该努力设计出那些经得住时间考验、永不褪色的作品，季节性的成功永远只是季节性的，只有当它们真的很成功的时候才能变成常青树。"

——约里奥·威勒海蒙

Ilo桌最特别的部分就是桌腿和桌面的斜角支撑，这种斜角支撑加强了桌面和桌腿之间的强度，有各种不同形式的变体，但是基本构造是一样的，在角部形成了一个三角形，三角形的结构是最稳固的。另外一种形式是用铝形构件进行加固，内部是木制的桌腿，在木制桌腿的端部用螺钉与桌面连接，外面用这种铝制零件进行加固。

Ilo桌

Ilo桌是"Ilo"系列家具中的一个，桌面的材料是采用表面覆有薄木的中密度纤维板（MDF），桌腿的材料可以是木制的，也可以是钢的，这一系列有不同形状桌面的桌子和各种椅子。这张桌子市场反响非常好，现在仍然在生产。

使用者可以通过改变桌面的形状来适应不同的环境，这种桌面的形状比较适合电脑的操作，因为带有这样一个弧度，这个内部的拐角部分可以让使用者尽可能地接近电脑，使用起来更加方便，这个桌子的桌面形成的各个尖角产生一种坚硬的感觉，使其显得更加正式，适合办公室严肃的气氛。

Ilo办公桌是1990年设计的，那时普遍使用的电脑的显示器还是那种非常大的类型，还不是现在的这种薄的液晶显示屏，因为显示器比较深，所以电脑桌的深度也要比较大，大约600mm，而现在电脑桌的设计则发生了很多变化，这都是和计算机的不断发展联系在一起的，首先桌子的深度可以减小，另外高度也可以有所降低。

4. Pik Pak沙发/1992年

材料：木材，金属，软包

"我认为最困难的部分，就是试图创造一件美丽的作品，它的每一个方面都需要经过深思熟虑，每一个细节都必须完美，无论是材料方面、人体工程学方面还是结构方面，这是工作中真正困难的部分。每个人都可以设计一把椅子，每个人都可以创造出一种结构，但是有可能所有的构成都是错误的。"

——约里奥·威勒海蒙

Pik Pak沙发的基本框架采用的是钢结构，上面覆盖织物，靠背使用的是胶合板，扶手因为需要与人体直接接触，所以选择木材，因为木材具有一种温暖的感觉。在这件作品之中威勒海蒙采用了对比的设计手法，其各个零部件之间都具有一种鲜明的对比，如木制的前腿和扶手与金属制成的后腿形成一种对比，胶合板的靠背与织物包覆的座面也形成一种对比，曲线的扶手和直线的后腿也形成了对比，另外，自

Pik Pak沙发

然的木色，金属的黑色与织物的蓝色同样也形成了一种对比，这种对比的设计手法的运用使得作品具有生动的外形，给观者留下了深刻的印象。

值得一提的是，Pik Pak沙发的座面采用的是传统的弹簧座面，是金属制成的弹簧，而不是现在最常使用的泡沫塑料。对于这一点，威勒海蒙解释说："现在很多家具都采用泡沫来做沙发座面，而不是传统的弹簧，因为传统的弹簧需要更多的人工，成本就会比较高，但是这种做法更加符合生态设计的原则，而且质量和耐久性更好，可以使用15年以上。而泡沫塑料是从石油中提取的，这是对环境不利的，而使用金属弹簧就没有这种问题了，从长远利益来看，它实际上是省钱的设计。"

基于同一种设计理念威勒海蒙设计了一系列家具，包括休闲椅、会议椅、两座和三座沙发等。私人住宅和公共场所都可以使用这件沙发，它给人的感觉是比较休闲和放松，之所以取名字为Pik Pak，威勒海蒙解释说："只是觉得听起来像一种声音，很爽脆的感觉，没有什么特别的意义，那一个系列的家具都取名为这一名字。"

5. Plus 系列/1998~1999年

材料：钢材，胶合板，布

"我曾经是Vivero公司的创建人之一，我深刻了解它的各个阶段的发展状况，因此我和它之间的合作也十分特别，我从未从公司那里接到任何指令，说公司需要一件什么样的家具，要求我来做设计，相反都是由我自己来做决策，应该设计什么样的产品来使公司的产品库更加完善，这是一种我很喜欢的合作方式。"

——约里奥·威勒海蒙

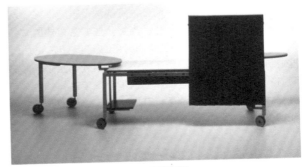

Plus系列家具

Plus系列包括工作台、桌子和柜子等家具，是威勒海蒙为Vivero公司设计的。

在这个工作台的侧面，可以发现有一些孔，使用者可以利用这个预制孔安装屏风或者是另外的桌子等家具，根据需要任意进行组合，只需要使用一种黑色的金属拐角形连接装置，非常简单易行。这一设计方法十分巧妙，不同的客户可以根据公司的特点、办公室的环境来选择不同的家具，然后进行组合。威勒海蒙曾经说过："在办公室家具的设计中，最重要的事情就是需要设计这样的一种系统，可以灵活变化的系统，这样一来就可以根据不同的情况进行改变，就能满足任何一种客户的需求了。"所以这一系列的所有家具底部都安装有轮子，这样使用者就可以非常方便地移动这些家具了。

工作台的设计中最具挑战性的事情是由计算机带来的，也就是如何处理那些复杂的计算机电缆，威勒海蒙的做法是用织物将接线包裹起来，这样一来不仅使办公环境更加整洁，而且织物的使用使工作环境的严肃气氛变得温馨轻松。

Plus系列家具

Plus文件柜

Plus系列中的文件柜的设计也十分特别，框架是由钢制成的，在门的设计上，威勒海蒙别出心裁，他采用了窗帘式的门，与普通的文件柜常使用的木门相比，这种布门的成本更低，而且最重要的是，它使得整个柜子的面貌焕然一新，而且只拉开一部分的时候，它还传达了一种性感的感受，这很特别。

在办公室家具中大量的使用织物，这种做法不太常见，威勒海蒙采用这种设计手法主要是为了传达给使用者一种柔软的感受，使办公室家具一改以往给人冷冰冰的那种视觉感受，给人一种犹如在家里一样的放松和温暖的感觉。威勒海蒙对此解释说："传统的办公室一切都是锁起来的，文件柜是锁着的，工作台的抽屉是锁着的，这给人一种非常不友好的感觉，但是我觉得现在的办公室的保卫措施很好，没有必要把办公室里搞得如此紧张，当然一些非常重要的文件有必要进行特殊的管理，但是大部分区域可以让它更加轻松一些，因此我设计的这些柜子的门不仅柔软而且是半敞开的，我觉得整天在办公室里工作的人们太需要这样的让他们的神经得以放松的家具了，这也可以让人们之间彼此增加一种信任感。"

Plus文件柜

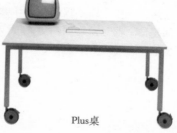

Plus桌

6. Pinna椅/1983年

材料：胶合板，实木

"年轻的设计师们并不需要在全世界旅行来获得设计灵感，他们必须要相信自己，要自信，跑到美国或者意大利，或者任何地方来发现自己都毫无意义，你就是你所在的那个地方的自己，如果你足够相信，你就会发现你自己，自尊也是非常重要的。"

——约里奥·威勒海蒙

Pinna椅

Pinna椅是威勒海蒙为数不多的完全采用实木制成的椅子之一，在这把椅子的靠背、座面和前后腿之间可以看到多个三角形结构，这些三角形结构使得整个椅子变得非常结实，威勒海蒙说："三角形结构是结构之母，是最基本的，也是最牢固的结构形式。"

Pinna椅是威勒海蒙和一个已经在芬兰居住多年的瑞士木匠合作完成的，威勒海蒙认识他已经有30多年了，他们是非常好的朋友，彼此十分了解。

Pinna椅主要使用了两种材料，座面和靠背使用的是胶合板，而其他部分使用的是实木。这把椅子的基本理念就是设计一个结构简单、成本比较低的木制家具，椅子的结构主要是用木销连接的，而没有采用复杂的榫卯连接形式，木销结构比较简单，成本也就比较低，其强度也完全可以满足使用要求。威勒海蒙对此解释说："我总是力图在保证功能性的条件下使结构尽量简化，成本尽量降低，更加节省材料，如果我们可以做到那样，为什么不呢？"

"Pinna"这个词在芬兰语中是"销子"的意思，相当于英语中的"pin"，因为这件家具中使用销子来进行连接，所以取了这个名字。

双人Pinna椅

这也是一个系列家具，包括单座椅、两座椅、摇椅和吧椅，这些椅子在那些夏日度假小屋中使用是最合适不过的了。在威勒海蒙自己的工作室里，就放了这样一把Pinna椅，可见他自己对这把椅子的喜爱。但是威勒海蒙设计的实木家具作品非常少，他的大部分作品都是采用胶合板和钢材制成的，这一点与他的朋友和搭档——西蒙完全不同，威勒海蒙对此解释说："从成本上考虑，实木家具无论如何都比使用胶合板和钢材制成的家具成本要高一些，另外在芬兰，采用胶合板和钢材制作家具生产工艺已经相当成熟，但是如果我要完全使用实木制作家具，我必须要找一个手艺非常好的模型制作师，在我的周围；这样的人并不太多。"

Pinna摇椅

Pinna椅看似有些朴拙，但是无论从构成形式还是从构造方面都隐藏着很多奥秘，可以看出设计师还是花费了一番心思在这件作品上面的。

Pinna椅

7. Tina椅/1985年

材料：钢材，铝，胶合板

　　"任何人如果想要成为有创造性的、有个性的、进步的设计师、艺术家、建筑师、作家、诗人甚至是喇叭手，首先必须要找到他们自己的方法，而且要看这条路是否正确，如果他们决定走条时尚、潮流之路，他们一定会失败，因为时尚不是那种他们有发言权的东西，它是那种已经被其他人决定好了的一些东西，时尚就是来来去去。"

——约里奥·威勒海蒙

　　Tina椅是威勒海蒙1985年设计的，椅子的构造相当传统，单板模压弯曲的靠背和座面，钢制框架，扶手是用实木制成的，有的版本没有扶手，这也是一个系列家具，已经有20多年的历史了，现在仍然在生产和销售。

无扶手的Tina椅　　　　　　　　　　带扶手的Tina椅

8. Putti椅/1986年

材料：钢材，铝，胶合板

　　Putti椅是Tina椅的木质版本，其扶手好像处于一种漂浮的状态，主要是为了让靠背产生某种弹性，可以自由的摇摆，更加灵活，实际上这给这件家具带来了一种完全不同的感受。

Putti椅

9. Emma椅/1994年

材料：钢材，铝，胶合板

　　Emma椅的座面和靠背是分离的，我们可以看见，靠背向下延伸到座面的下部，靠背的形状十分符合人体脊柱的曲线。比较特别的地方是，如果你从侧面来看胶合板，可以看到两头比较薄，中间比较厚，这不仅符合强度的要求，而且当人将背靠在上面以后，会产生弹性，感觉非常好，这是一种比较复杂的模压胶合方法。

　　Putti椅、Emma椅和Tina椅从外观来看，比较相似，对此威勒海蒙解释说："当我开始一个新的设计的时候，我并没有刻意要避免重复上一件的设计，我的想法是，我为什么不能再做一次同样的设计呢？它已经完成了，每一天都是不同的一天，你的知识、经验和想法都不同了，今天毕竟

Emma椅

Emma椅的卡通形象

已经不是昨天了，尽管你做的设计的基本想法与上一个相同，但是无论如何都会产生一些变化。"

　　关于新技术，威勒海蒙也有自己独特的观点，他说："目前在芬兰的家具设计领域还是相当地传统和保守的，我们基本只使用模压胶合板、实木、钢，我认为我们周围的一些资源已经足够了，当然我也会关注一些新材料的发展，但是有些新的技术根本就是一种浪费，我是极力反对的。"

10. Jobb椅/2000年

材料：胶合板，钢材，皮革

　　"使椅子具有设计师的个性是椅子设计中最困难的部分，关于尺度、曲线、角度，你可以从各个渠道获得信息，那都是不困难的事情，而难以从任何其他渠道获得的东西正是你的感觉，你如何将这些东西放在一起，只有你自己知道，你难以获得任何参考信息。"

——约里奥·威勒海蒙

Jobb椅

　　现代人现在每天坐在电脑前的时间越来越长，这就需要有一个可以让人的身体各部位都可以得到休息的椅子，这把高靠背椅正好满足了人们这方面的需求。

　　Jobb椅的设计中比较特别的部分是：威勒海蒙使用了一种特别的橡胶制的支撑件，这种支撑件常用在一些机械装置上，例如发动机上面，它有足够的强度而且又可以前后摇摆，具有一定的弹性，是一个非常好的可以实现椅子调节功能的零件，人们可以根据自己的习惯很方便地调节坐姿。对于选用这种零件来实现椅子的调节功能，威勒海蒙解释说："之所以选择这个零件是为了既满足功能方面的要求，又可以做得尽量简单，这样也可以控制成本，这是一个很便宜的零件，但是却可以提供你所需要的舒适感和稳定感，既可以很方便地调整你的坐姿，又不会产生摇摆。"的确，有时候选择这样一个很小的，但是非常适当的零件对于设计师来说非常重要，这使得本来一个十分平凡的设计变得聪明且巧妙，所以作为一个优秀

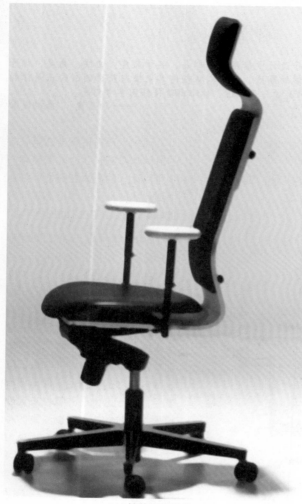

Jobb椅的侧面形象

的设计师，有时需要将视野扩展到家具行业之外，了解一些其他行业的知识，从而可以借用一些其他行业的零件或者材料，这种技能对于设计师来说非常重要，而且必须随时更新知识，了解最新的技术和动态。

另外，为了适应不同高度的人群，威勒海蒙还将靠背部分分为三段，这三段的高度可以分别进行调节，可以让人们的腰、背和颈部都得到很好的支撑，减少人们的疲劳感。这把椅子的扶手本来是为另一把椅子设计的，后来发现用在这把椅子上非常合适，它有两个版本，一个是平面的，一个是带有一定弧度的，扶手可以使人的手臂得到一定程度的休息。

关于椅子的可调节性，威勒海蒙对于市场上那些可以在多达十几个方面进行调节的椅子并不

赞成，他解释说：“最重要的就是高度的调节，这对于正确地支撑人体非常重要，其次就是靠背的曲线问题。一般来讲，一把椅子放在办公室里，通常只有一个人会来使用它，就像鞋子一样，是很私人化的东西，所以并不需要椅子有过多的可调节性。我喜欢简单，不喜欢复杂，我会尽量将复杂的事情简单化。”

Jobb椅的低靠背版本

11. In & Out系列/2001年

材料：钢材，木材，软包

"我们是为大量人群设计东西，当你设计的作品将要以成千上万的数量生产的时候，那就涉及了一种责任感，但那正是我们的目标，你的和我的，还有其他设计师的，我们一直以来的目标。"

——约里奥·威勒海蒙

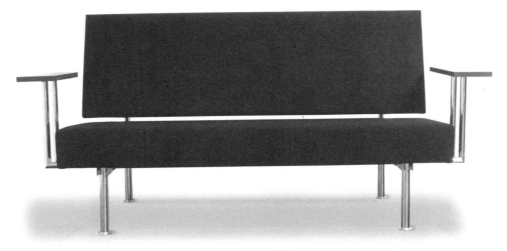

In & Out沙发

In & Out系列之所以选择这个名字，有两层含义：第一层含义是这件沙发既适合在室内(in)使用，也适合在户外(out)使用；第二层含义是用户可以根据自己的需求改变使用的材料，可以将坚硬的木材暴露在外(out)，也可以用柔软的软包将其包裹起来(in)。

In & Out系列包括凳子、沙发、椅子、衣柜等，是为芬兰家具公司Vivero设计的，这个系列家具在办公室、等候室或者私人住宅都可以使用，而且在室内和户外都可以使用。

In & Out家具系列受到了芬兰乡村文化的很大影响，通常在乡村里，因为生活方式很简单，所以农家房子里的家具都很简单，这种板凳在乡村是十分常见的一件家具，常常沿墙摆放，那时候椅子还不是很常见。乡村文化对芬兰设计的影响是巨大的，对此威勒海蒙解释说："我们没有其他的文化，没有其他的背景，我们只有这种乡村文化的背景，芬兰在历史上从来没有过君主，没有过国王，没有皇家的文化，没有阶级差异，在我们走进现代社会之前，我们拥有的就是简单的农民的生活，所以这些都对芬兰的设计产生了巨大的影响。这就是我们和瑞典、挪威和丹麦的不同。"

现在看来，北欧四国——芬兰、丹麦、挪威和瑞典的家具似乎非常类似，但是在早些时候其差别还是非常大的，这主要是由于这四国拥有不同的社会文化背景，这种背景对于设计和艺术产生了深远的影响。在20世纪20~30年代，芬兰人"从森林里跳出来"，开始创建他们自己的城市，但是实际上他们根本没有任何城市传统，芬兰人自己对于城市规划、公共建筑和公寓等完全没有任何设计建造经验，所以只能从瑞典、俄罗斯移植了城市建设体系。而在乡下使用的那些家具很难和人们在城市里居住的公寓相配，所以就需要进行新的设计，而在设计这些新的家具的时候，毫无疑问以前的家具成为了设计时参考的因素，或者说成为了典范，这种传统深植于设计师的心里，所以现在很多芬兰的设计都具有这种乡村的朴实的风格，就不足为奇了。

In & Out沙发的木质版本

12. Yesbox沙发/2004年

材料：钢材，软包

"我认为每个人遵循自己选择的路，而且创造出好的作品就是一个英雄，但是变成普通人也没有什么错，这是一个宽阔的舞台，每个人都可以表演一个重要的部分，但是他们都承担着某种责任。"

——约里奥·威勒海蒙

Yesbox沙发

Yesbox沙发的构成十分简单，每一个单体由三部分组成——座面、靠背和扶手，将其直接放置在钢制的框架上面，然后进行固定就可以了。在沙发单体之间还可以放置一些小桌子，也可以组合成两座沙发、三座沙发或者任何其他形式。在组合时，你可以使用一个扶手、两个扶手、或者不使用扶手，而且有各种色彩可以选择。所以说这件沙发可以完全根据用户的需要进行形式和色彩上的改变，这是一件遵循模块化方法进行设计的组合沙发。

Yesbox沙发的色彩设计也十分特别，设计师采用了一些很鲜艳的纯色，这不仅突出了沙发的每个单元，也使整个作品具有更强的表现力。这样的具有鲜艳色彩的沙发放置在办公室中，也缓和了办公室的严肃气氛，让人感到放松，同时客户可以根据自己的喜爱选择各种不同颜色的沙发进行组合。

Yesbox沙发的设计明显受到了荷兰风格派和德国包豪斯设计思想的影响，对此，威勒海蒙解释说："我们同在欧洲，所以接受其某些设计思想非常容易，在20世纪30~40年代，包豪斯思想传到了芬兰，这种实用的设计思想很容易被芬兰设计师接受，因为我们的乡村文化也包含了实用的因素，芬兰的设计基本是乡村文化和包豪斯思想的混合体，当然设计师们在学校里除了学习包豪斯之外，还会学到巴洛克、洛可可等其他的一些设计风格，这些东西都会在某个时候对一些设计师产生影响。我不能说我们芬兰十分纯净，不受别人影响，这是不可能的，我们一定会受到来自全世界的影响。"

不同颜色的Yesbox沙发

13. Wallu沙发/2007年

材料：钢材，织物

"今天这个世界是一个在各个方面都十分开放的世界，到各地旅行是如此地方便，生活可以有多种方式，而不只是一种，没有一种生活方式对每个人都是好的，如果你相信某种东西，你就应该去做，当然一定要付出某种努力，没有努力，你什么也得不到，只会落后于他人。"

——约里奥·威勒海蒙

这是一个夸张的具有超大外形的沙发，框架是由钢棒制成的，是一个箱形的设计，又像是一个笼子，座面、靠背和扶手放在框架上面形成了一个基本的沙发形象，这件家具的外形比较硬，所以威勒海蒙使用了一种非常特别的覆面材料，那就是由他的妻子克利斯蒂娜·威勒海蒙（**Kristiina Wiherheimo**）设计并亲手制作的一种纺织品——白色的毛皮上面有一些点缀的黑色图案，这就使得这件沙发的整体形象十分特别，非常引人注目，

Wallu沙发

柔软的毛皮使坚硬的沙发形象得到软化，让人觉得十分温馨，有想要亲近的感觉。

Wallu沙发虽然体量很大，但是却并不显得沉闷，那是因为框架是利用钢棒形成的虚体，而非实体，轻巧感是芬兰设计的一个普遍的特点，芬兰设计师对于那些有沉重感的家具非常反感，这可能也和他们无阶级差异、平民化的社会制度有着某种关联。

Wallu沙发是理性与感性的完美结合，直线型的钢材、立方体的座面、靠背和扶手都给人一种严肃的、理性的色彩，而上面覆盖的织物却又是一种非常艺术化的作品，充满了主观创作和感性的色彩，这件作品是近年来威勒海蒙和其妻子合作完成的一件非常成功的作品。

与椅子相比，威勒海蒙设计的沙发并不是很多，他说："对我来讲，曾经觉得设计沙发非常困难，我在以前很少设计沙发，而且对于设计沙发非常小心，因为大家对于沙发已经有一个固有的印象了，但是我希望有所创新，而不是那个你看过2000多次的沙发，我努力用自己的方法进行设计，只有当我有非常明确的想法我才会进行设计，所以你可以看到我的沙发和你在大街上看到的还是有很大区别的。"

14. Rods椅/2005年

材料：钢材

"当我们想要理解某一个事物的时候，我们总是习惯于用弯曲的铁丝来表现它，这就是我设计这件Rods椅的时候做的事情。我用弯曲的铁丝来实现我的设计想法，这是一种采用并不昂贵的设备、低成本的可以形成三维有机造型的方法。"

——约里奥·威勒海蒙

Rods椅

Rods椅和威勒海蒙的其他设计有很大不同，座面和靠背是由弯曲的金属丝交错形成的金属网，框架是由直径分别为10mm和4mm的钢棒构成的。纤细的金属丝非常容易弯曲，所以很容易形成三维弯曲的座面和靠背，从而满足基本的对于舒适的需求，不需要使用软包，降低了成本。威勒海蒙当时就是想寻求用木材之外的材料及其他的构造形式进行椅子的设计，在逛超级市场的时候，那里使用的购物车给了他灵感，于是他就采用了类似购物车的构造方式设计了这把椅子，后来又是在一家制造购物车的工厂里生产了这把椅子。由于使用的是金属材料，所以这把椅子既可以在室内使用，也可以在室外使用。

威勒海蒙十分强调模型制作在家具设计整个过程当中的重要性。他说："通过制作足尺寸的模型，我就可以看到这件休闲椅的整体面貌，然后就可以对细节进行研究，考虑下一步如何进行修改。那些应该和能够做得对的地方可以及时进行纠正，主观性的设计得以完善。通过设计，设计师应该创造一件有个性的、创新性的作品，而且它应该让人感到亲切和可以理解。通过研究足尺寸的模型，设计师必须开始面对脑海里的那些想法，并且用草图的形式表现出来，可以坐在上面，测试它的舒适性，也可以将其抬起，从各个角度来感受其构成形式是否美观。"

在设计钢棒休闲椅的过程中，威勒海蒙意识到他可以采用同样的低技术、低价格的材料设计更多的作品。接下来，他又用这种钢棒设计制作了一个内部有搁板的储物柜，这件储物柜成本低、简洁、轻便、透明，而且具有创新性，可以存放任何东西，是书架、办公柜和手推车的变形和混合体。这件储物柜结构非常紧凑，而且牢固，可以拆装，带有轮子，拥有多种色彩，外形十分理性，高度可以调节，价格适中，美观。另外，它也可以根据客户的需求在外面使用轻巧的纺织品进行覆盖。

15. Vilter系列/2002~2007年

材料：木制，金属，帆布

　　"你任意拿出一把塔佩瓦拉、库卡波罗、我和西蒙设计的椅子来，就会发现，我们在设计时所考虑的基本的东西都是一样的，首先考虑的都是如何将椅子的座面支撑在一个合适的高度和角度上面，其次则是靠背和扶手的位置、角度和形状，最后就是如何进行构造。所以我们的设计作品彼此有相似的地方，我们自己的作品彼此也有相似的地方，因为我们坚持的最终的设计原则从来都没有改变过。"

——约里奥·威勒海蒙

　　Vilter系列是一个庞大的家具系列，每一件家具的构造都十分简单，采用木制框架或者金属框架，座面和靠背采用胶合板或帆布制成，也有的版本靠背采用一个细细的弯曲的实木或钢零件制成，2002~2007年，威勒海蒙在五年的时间里不断丰富和完善这个系列。

　　最初，威勒海蒙曾经试图用纸来制作椅子的座面和靠背，他试验了一年，没有成功，然后他开始转向使用毡子来做靠背，座面仍然采用胶合板。最初的一款，也是最基本的一件就是钢制框架，座面和靠背采用的都是毡子，但是在试验之后，发现毡制的座面强度不能满足要求，所以后来将其改为胶合板座面，靠背仍然使用毡子。威勒海蒙

钢制框架的Vilter椅

说："我很喜欢毡子这种材料，因为它既具有一定的强度，又有一定的柔软度，而且是一种环保材料。"

　　毡子自然形成的柔和的弧线形与坚硬的座面的直线形形成一种对比，彩色的座面又为这件家具增添了一种轻松和活泼的感觉。威勒海蒙在这些毡制的靠背上印上了很多种不同的图案，其中包括Vivero公司的Logo图案，这使得椅子的形象更加生动，这种装饰效果也是使用其他材料难以达到的。

　　有了一个基本的设计理念之后，威勒海蒙开始在这基础上进行变形，有扶手和无扶手，木质框架的或者是金属框架的。因为材料不一样，其尺寸也有所改变，金属的版本可以用更细一些的零

木制框架的Vilter椅

件，而木材的版本则要相对粗一些。这一系列家具中的柜子的设计理念与Plus系列的柜子很类似，采用金属框架，下面使用轮子，很方便进行移动，外面可以包上织物，也可以不使用织物。这件家具有足够的强度，而且价格适中。

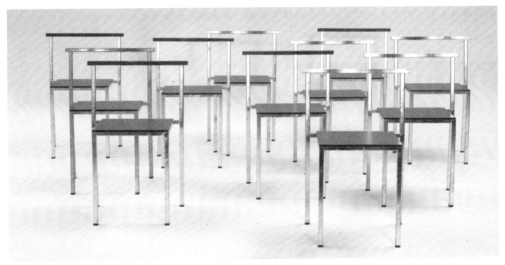

细靠背的Vilter椅

　　Ilo系列、Plus系列和Vilter系列是威勒海蒙在10多年的时间里设计的三个系列家具，这十几年，威勒海蒙的思想发生了一些改变，从作品中，我们也可以看到其构造变得越来越简单。他的助手，来自日本的设计师——三宅有详（Arihiro Miyake）说："这件作品简单得就像是一个初学家具设计的学生的作品，但是细看又会发现它已经达到了一个很高的水平，也许这就是设计大师才能做到的，简单到极致，却让人难以超越。"

Vilter桌

16. Verde椅/1979年

材料：钢材，胶合板

"我不想使用厚的泡沫塑料和其他的暗机关使家具变得舒适和具有弹性，我想要设计一些不同的东西。因此我设计了一个小的弹簧装置，放在座面和靠背之间的关键点上。"

——约里奥·威勒海蒙

Verde椅

Verde椅的低靠背版本

Verde椅是威勒海蒙为Vivero公司设计的第一个系列家具作品，它对于维威罗公司和威勒海蒙来说都很重要。这一系列作品的最明显的特征就是一个特殊的弹簧装置的使用，之所以采用这个弹簧装置同威勒海蒙刚毕业的时候和西蒙设计的第一件作品——Reikärauta的想法一样，就是为了避免使用厚重的泡沫塑料，同时又使家具具有弹性。

关于使用这种弹簧装置的想法，威勒海蒙解释说："这一想法在我的脑海里已经思索很久了，这些想法是建立在我从库卡波罗和其他的大师那里学习到的一些设计的基本原则，我认识到一个事实，那就是在设计的每一个程序中都会产生某种效果，无论你做了什么都会对其他的事情产生影响，任何你使用的材料、你设计的结构，以及你的生产方式，所有的这一切都必须有意义。"

威勒海蒙亲自设计了这样的一个小小的弹簧装置，使用在座面和靠背之间关键的连接点上。这一系列家具有高靠背和低靠背两个版本，低靠背的一款只在座面和后腿之间使用了一对弹簧，而高靠背的一款则分别在座面和后腿之间、靠背和后背之间使用了这种弹簧装置。

为了给这件作品找到制造商，威勒海蒙费了很大周折，他回忆说："我和西蒙当时考虑，如果我们和阿斯科公司（Asko）或者伊斯固公司（Isku）商谈的话，一定会被拒绝，因此，我们必须建立我们自己的公司来处理有关生产的事宜。唯一的麻烦是我们没有足够的资金，但是我们从一些朋友那里获得了帮助，虽然他们的职业和我们截然不同，他们也从未做过任何有关家具的事情，但是他们却加入进来了，并不是因为他们有许多钱可以挥霍，而是因为他们信任我们，他们想让这件事情可以做成。他们有非常有用的社会关系，这样一来我们就和当时的地区发展基金会取得了联系，这个基金会决定给予我们贷款，我和朋友们便一起建立了Vivero公司。"

这一系列作品一经推出，则获得了多方的好评，同时也在市场上取得了非常好的销售成绩。一年后，威勒海蒙和西蒙设计的Visio 100也采用了同样的弹簧装置，那件作品也同样延续了威勒海蒙的轻巧、简单的设计风格。

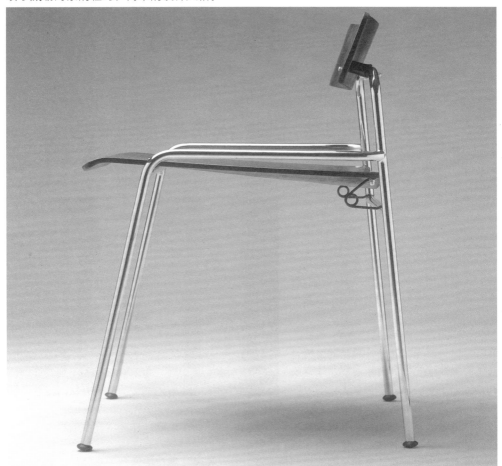

Verde椅的侧面形象

▪ 威勒海蒙的
相关采访

● 对其助手玛利亚·瑞格尼恩的专访

　　玛利亚·瑞格尼恩（**Maria Riekkinen**）是赫尔辛基艺术与设计大学的硕士生，也是威勒海蒙现在的助手，她最初认识威勒海蒙是在2002年，那时候她刚进入TAIK，学习家具设计，威勒海蒙是她的老师。威勒海蒙原来的助手去了另外一家公司，玛利亚就开始做他的助手。

　　谈起威勒海蒙的教学方法，玛利亚说："威勒海蒙从不随便发表自己的看法，他经常会先在旁冷眼旁观，看着大家谈论自己的想法，最后才会说出自己的意见。我们大家都很喜欢他，每次见面开会讨论都是一件非常享受的事情，经常是充满了笑声。威勒海蒙非常喜欢和学生们呆在一起，非常享受和学生们聊天，交流各自的想法，看到学生们有

威勒海蒙的住宅室外

进步他总是非常开心，而且他非常有耐心，所以给他做助手也是一件非常开心的事情，我们彼此认识已经很长时间，他也非常了解我，我也了解他做事的方式，所以我们合作得非常愉快，而且我可以在给他做助手的时候问他一些我自己在设计项目中遇到的难题。威勒海蒙平等对待所有学生，如果你想了解更多，你就可以去直接找他，但是他很少对你的想法进行评

价，他会让学生自己思考，然后给出各种解决的可能性，从实践中进行学习，激发学生的创造性，使学生们的设计更加具有个性化。″

威勒海蒙十分重视培养学生们对线条的感觉，玛利亚说：″威勒海蒙经常对我们说：″虽然在计算机中绘图也可以打印1：1的图纸来，但是你却失去了对于线条的感觉。对于一个设计师来说，这种线条感是非常重要的，当你画这种足尺寸的图纸的时候，你好像会触摸

到这件家具，你会真实地感受到这件作品就在你面前。″他每天都会自己手绘很多这种图，在他的工作室里，有几千张这样的足尺寸的图纸，他的大部分时间都是坐在那里思考和画图，一些草图还会帮助他的思考。″威勒海蒙教授人体工程学的方法也很特别，玛利亚说：″他会先讲述一些椅子的基本尺寸，然后说如果你想改变这些尺寸，则需要小心，因为这些尺寸是经过了多年检验的。我们会去工作间按照一些不同的尺寸制作模型，然后逐一坐在上面来感受不同的尺寸带来的感受，你的身体的

作者和玛利亚

这种记忆要比单纯用大脑记忆要深刻得多，这种从实践中学习的教学方法给我留下了深刻的印象。″

玛利亚作为一名助理的主要工作就是帮助威勒海蒙将手绘的一些图纸用计算机完成，然后发给建筑师。他们的常规设计任务一般是私人住宅的室内设计，或者是办公室的室内设计，他们最近在做的一个项目就是芬兰一家保险公司的办公室的室内设计、家具设计和纺织品设计，这是一个非常庞大的项目。威勒海蒙和他的妻子——克利斯蒂娜·威勒海蒙一起完成，威勒海蒙设计室内和家具，克利斯蒂娜设计窗帘、地毯和一些装饰性的织物。威勒海蒙也十分享受做一些小的家具设计项目，对他来说是一种放松的方式。

威勒海蒙的设计中充满幽默感，而且他十分喜欢使用非常明亮的颜色，像Yesbox沙发，他用了很多纯色，看起来非常快乐的色彩。Vilter系列也是，主色是黑色，然后使用一些明亮的色彩。玛利亚说：″威勒海蒙在设计的时候，也会让我参与其中，我们有时会就一个具体的细节采用头脑风暴法，包括一些材料的选择和细部的结构，我也从中学习到了很多。但是多年的设计工作，在他的大脑里已经储存了足够多的信息，他对于很多细节的处理已经了如指掌。″

谈起给威勒海蒙做助手的感受，玛利亚说：″威勒海蒙总是把工作环境弄得非常轻松自在，我们工作的时候他都会放一些音乐，而且根据天气播放不同的音乐，如果天气晴朗，就会放一些充满活力的音乐，像爵士乐，而如果天气阴沉，一般会放一些非常轻柔舒缓的音乐，而且在休息的时候，克利斯蒂娜总是会为我们端上一些非常好的咖啡和点心，总之工作

对于我来说从来都不是一件沉重的事情。我们从来都不会为了赶进度而匆匆忙忙，工作总是在有条不紊的进行之中。"

威勒海蒙是一个非常坚持自己原则的人，他清楚自己喜欢什么，不喜欢什么，从来不做自己不喜欢的事情，人的一生1/3的时间都在工作，如果你不喜欢你的工作的话，那样的一生就太悲哀了。玛利亚说："威勒海蒙非常喜欢芬兰北部，因为克利斯蒂娜来自芬兰北部拉普兰，他们经常会去那里见家人和朋友。芬兰北部风景非常优美，因为处于北部，气候比较寒冷，所以没有太多的树木，有很多绵延起伏的山脉，冬天山上都覆盖着白雪，被称为极简主义风格的自然风景，那是威勒海蒙所喜欢的，和他设计的家具一样，简洁但是可以保持长久的生命力。他们夫妇喜欢新鲜、健康的食物，我记得他们经常从拉普兰带回很多鱼和虾，经常还会邀请学生们来一起聚餐，那是非常快乐的日子。他们努力工作，享受生活中的每一个细节，这是给我印象非常深刻的地方。他们有一个夏日度假小屋，他们每个夏天都会去那里，我看过他们在那里拍摄的照片，非常美的一个地方。"

威勒海蒙的房子在非常美丽的海边，他们买的时候进行了翻修，几年前，在房子旁边又建造了一个工作室，整个房子的颜色是黑色的，坐落在丛林之中，非常醒目，房前有一个池塘，还有苹果树和巨大的花园，威勒海蒙非常喜欢园艺，玛利亚说："我记得去年他自己栽种了一千朵郁金香，那可真是壮观，引来了一些野兔，那些兔子非常喜欢白色的郁金香，所以白色的花朵被吃掉了很多，但是仍然还剩下很多各种颜色的花。威勒海蒙经常会在午后工作累了的时候，出去摆弄他的花园，他会在那里呆一个多小时，然后再回来继续工作。我觉得园艺对于他来说是很好的休息，他有时可能会一边在花园里工作一边思考设计上碰到的一些难题。"

威勒海蒙的工作室室外

闲暇时间，威勒海蒙最喜欢的一项运动就是航海，玛利亚说："我记得有一次在课堂上面，他讲到，设计就像航海一样，首先必须有明确的目标，然后利用周围一切可以利用的元素，例如说航海的时候可以利用风向，利用船帆，设计也一样，只有那些善于利用一切设计元素，并且有明确方向的人才能成为优秀的设计师。"

· 对其助手三宅有详的专访

三宅有详（Arihiro Mirake）大学毕业后从日本来到芬兰，在赫尔辛基艺术与设计大学（TAIK）读研究生，他已经在芬兰呆了10年了，现在在TAIK做一些兼职的教学工作，同时他也拥有自己的工作室，他和威勒海蒙相当熟悉，曾经做过很长时间的威勒海蒙的助理，他给我讲了很多威勒海蒙的故事，让我了解了威勒海蒙的不同方面。

三宅有详在日本读完大学后，当时日本的经济并不景气，一个刚毕业的学生想找到一份满意的工作很困难，他便想到欧洲继续读研究生。当时北欧设计在日本非常流行，而且北欧设计崇尚的是木文化，不像欧洲其他国家是石文化，而日本同样是一个十分喜爱木材的国家，所以就感觉北欧和日本非常接近，所以就决定到芬兰来留学。

三宅有详认识威勒海蒙是他刚到TAIK上学的时候，那是1999年，当时威勒海蒙是家具系的教授，他们每个星期都会见面讨论自己的设计想法，三宅是唯一的一个日本人，而且他在芬兰没有家人，所有的朋友都是在学校里认识的，所以他大部分时间都是呆在学校里，威勒海蒙看他很用功的样子，就安排三宅做他的助手。三宅回忆说："我印象十分深刻的就是我们一起做的一个展览设计，是一个关于日本和芬兰文化交流的活动，展览是关于日本一个设计师的首饰作品展览，在TAIK的顶层举办的，我当时作为他的展览设计助手和协调人，他对我非常满意，紧接着芬兰方面又组织了50位艺术家去日本举办了一个作品展览，那个展览规模要大很多，威勒海蒙仍然是展览设计师，他依然要我做他的助手，所以我后来想第一个展览应该是他在试探我的能力，我很高兴我可以让他满意，在这之后他又给了我很多这方面的工作，所以我和他变得越来越熟悉，这让我了解到了

三宅有详在工作

很多他作为教授之外的更加生活化的方面。"

芬兰的教授与日本的教授有很大区别，日本的教授都具有相当的威严，芬兰的教授和学生之间的关系更加像朋友一样。三宅说："威勒海蒙本身有自己的工作室，他每周来学校一次，学生们如果有什么想法可以和他讨论，初次见到威勒海蒙的人，都觉得他不是一个容易亲近的人，但是，我在工作中和他接触得多了，就发现他实际上一个非常轻松幽默的人。"

威勒海蒙的仓库

除了帮助威勒海蒙做一些展览设计，三宅还帮助威勒海蒙做一些家具模型，因为威勒海蒙知道三宅很擅长用手做东西，所以非常信任他。三宅说："我每次和威勒海蒙讨论我的想法的时候，他从来不会否定我的想法，也从来不会代替我做决定，他会给我提出很多解决的方法和可能性，让我自己做决定，他更多地是鼓励学生自己思考，努力激发学生们的创造性，让学生寻找自己的设计方法，从而进行个性化的设计，这也是TAIK家具系的教授一贯秉承的教学风格，我也认为这是毕业后可以做自己的设计所必须的技能，因为那时候没有人要求你来设计什么，你需要自己独立思考想要设计什么，做什么，这时候就必须要建立属于你个人的风格。"

威勒海蒙设计了很多非常有名的椅子，在赫尔辛基到处都可以看到他的椅子，学生们对于他的家具设计作品也非常熟悉。三宅说："我记得曾经有一次，他邀请我们去他的工作室参观，那是在市中心附近的一个非常好的地方，在那里我看见了他这么多年来设计的几乎所有的作品，他有很多椅子已经生产了30多年，真是难以让人相信，而那把和西蒙在1979年一起设计的椅子Visio，即将重新投入生产。"

威勒海蒙做家具设计已经有接近40年了，但是他最近设计的Vilter系列似乎又回归了设计最本质的东西，十分简单，似乎回到了他40年前的设计，但是只有像威勒海蒙这样的大师级人物才能领悟到这种设计的精髓。三宅说："我自己设计的1789柜，就受到了很多威勒海蒙的影响，我尝试用一些小的细节来改变

在聚会上的威勒海蒙

整个家具的面貌，我的基本设计想法就是采用水平和竖直的滑道使得柜门可以在横向和纵向两个方向进行滑动，柜门的颜色不同，所以使用者可以根据自己的喜好来改变其颜色的组合方式。"

三宅从TAIK毕业后，仍然是威勒海蒙的助手，但是三宅很少呆在威勒海蒙的工作室里，而是和威勒海蒙到世界各地做展览设计，或者在工作间里为威勒海蒙做家具模型，或做助教，他们一起旅行的时间非常多，比如去做项目，他们就会住在同一个旅馆里面，这让三宅有了更多的时间和威勒海蒙在一起。三宅说："威勒海蒙是一个工作异常勤奋的人，当我们一起到国外工作的时候，他经常会去见他的一些老朋友们，他们会在一起喝酒，聊天到非常晚，但是无论前一天晚上有多么疲劳，第二天早上8点钟他一定会准时神清气爽地坐在早餐桌前吃早餐，然后准时开始工作，这就是他的风格，我们很多年轻人当时都自愧不如。威勒海蒙是一个典型的'努力工作，尽情玩乐'的人，这是我从他身上学习到的除设计以外的做人和做事的原则。"

威勒海蒙的父亲是一个非常独特的人，被称为发明家，一生发明了很多非常奇特的东西，这对威勒海蒙的创造性具有很大的影响，生长在这样的家庭的一个人成为一个设计师似乎是理所当然的事情。三宅回忆说："有一件事情非常有趣，2006年，我当时在意大利工作，威勒海蒙和另外一位TAIK的老师一起去米兰看国际家具展览，他们就住在我的家里，那一个星期我们除了看展览之外，就在家里喝酒聊天。有一天，突然聊起如何才能成为百万富翁的事情，威勒海蒙说：'我们应该设计一件非常国际化的产品，可以卖到很多国家，那样就可以快速地赚很多钱。'于是我们开始讨论，开始画图，我们用了整整一天的时间，终于完成了那个设计，后来我们还真的把那个设计给了芬兰的一家公司，他们答应考虑我们的想法。其实我们谁也不会太把它当真，只是觉得好玩罢了，但是从这件事情可以看到威勒海蒙是一个多么有趣的人，你从他的那些椅子中是断然看不到他会做这样的事情，这就是威勒海蒙，其实是一个仍然保持一颗童心的人。"

一个人如果在工作和生活中都是一个模样，那你的人生就显得非常乏味，而威勒海蒙有很多个不同的侧面，在工作中，作为教授和设计师，他是一个严格的人，而在生活中，作为朋友，他又是一个轻松活泼的人。三宅说："我很有幸了解了他的不同侧面，这同时也给我的工作和人生以启示，我希望我将来可以成为他那样的人，享受工作，同时享受生活。"

Simo Heikkilä

西蒙・海科拉

■西蒙的
设计经历

西蒙·海科拉

西蒙·海科拉（Simo Heikkilä）1943年出生于芬兰首都赫尔辛基（Helsinki），他的父亲是一名律师，母亲是一位家庭主妇，但却十分喜欢艺术，尤其擅长在陶瓷制成的日常用品上做画，良好的家庭环境和艺术熏陶使得西蒙的成长之路一路顺畅。1963年西蒙考入赫尔辛基艺术与设计大学。说起当年决定报考这所学校的事情，西蒙半开玩笑地说："那是受到了和我一起服兵役的一个室内设计师的影响，他是我们组里穿着最时尚的一个，我当时就想这份工作一定非常有趣，而且当我还在上中学的时候，我就对自己的房间产生了浓厚的兴趣，总是想着可以对它做点什么。"

在学院学习的4年，西蒙接触到了当时芬兰室内设计界最重要的一些人物，像塔佩瓦拉、库卡波罗、奥拉维·汉尼尼恩(Olavi Hanninen)、昂缔·诺米斯纳米(Antti Nurmesniemi)、哈利·莫伊拉尼恩(Harri Moilanen)和塞维利·帕克(Severi Parko)，还有教授基础科目的凯·佛兰克。在这里，西蒙对待设计的态度发生了巨大的转变，从最初的单纯的兴趣变成了一种热情，他发现要想成为一名优秀的设计师需要一个很长的过程。对于西蒙来说，印象最深刻的就是在库卡波罗的地下工作室里学习制作玻璃纤维家具的那段日子，玻璃纤维家具在当时还是一个全新的领域，库卡波罗当时将所有的精力都放在这种家具的设计和制作上面，是库卡波罗让玻璃纤维家具在整个欧洲变得非常流行。西蒙的毕业设计选择的就是玻璃纤维家具的设计和制作，他整天呆在那个小小的工作室里面，尽管那里总是充满着石膏粉尘。制作玻璃纤维家具，必须具有足够的耐心，必须确保每一个步骤都是正确的，那是一项非常繁重的工作，在成功之前会经历无数次的失败。西蒙圆满地完成了毕业设计任务，并且得到了库卡波罗的赞赏。

1967年，西蒙从学院毕业，当时的就业机会非常少，但是西蒙凭借着其出色的设计才能在芬兰著名的时装公司Marimekko找到了一份设计助理的工作，负责展厅和商店的室内设计，虽然薪酬并不高，但是因为那里具有国际化的气氛，西蒙还是非常喜欢这份工作。西蒙在那

作者和西蒙

里工作了几年之后，1971年，西蒙创办了自己的设计工作室，开始成为一名自由职业设计师，但是仍然主要为Marimekko做设计，因为公司不断扩张，他当时非常忙碌，为公司的展厅和贸易博览会的展台做设计。虽然是为芬兰公司工作，但那段时间是西蒙的职业生涯中最国际化的一段时间。

与此同时，西蒙并没有放弃设计家具的想法。1968年，他和威勒海蒙一起参加了芬兰著名的家具公司阿斯科(Asko)公司举办的家具设计竞赛，设计竞赛的名字是"The Great Asko Chair Design Competition"。评选委员会由当时非常有名的一些设计师组成，其中包括阿尼·雅各布森(Arne Jacobson)、罗宾·戴(Robin Day)、塔皮奥·威克拉(Tapio Wikkala)和尤汉尼·帕拉斯玛(Juhani Pallasmaa)，毫无疑问他们对于好的设计有敏锐的判断能力，但是那次比赛只举办了一届。西蒙和威勒海蒙设计制作的一把扶手椅——Reikarauta获得了那次比赛的第一名，西蒙直到现在还保留着那件家具的模型。在那次比赛之后，西蒙花了10年时间在建筑设计和室内设计方面，一直到20世纪70年代末期。他一直有一些有关家具设计的想法，但是却找不到一个好的合作者，也不知道到哪里去找一个合作者。

经过10余年的等待与沉淀，1980年，西蒙和威勒海蒙终于获得了芬兰地区发展基金会的资助，设计并制作了Visio系列，在同年的哥本哈根和米兰的展览会上进行了展示，获得了意想不到的众多的关注目光，除了一些博物馆决定购买少量之外，却并没有找到什么买家。但

是Visio系列家具对他们来说仍然是一个里程碑式的设计，那是一个不平凡的设计，即使是今天看来，它仍然具有非凡的魅力。

1981年，西蒙很荣幸的获得了芬兰国家艺术三年奖，可以在3年内获得国家的资金帮助进行家具方面的设计和研究工作，这是芬兰政府为那些优秀的艺术家设立的，旨在帮助他们完成自己的艺术理想。在这段时间，西蒙做了很多有关木材的试验。1984年，他为芬兰著名的家居产品公司Pentik设计了一系列的椅子Artzen系列，在当年的哥本哈根博览会上，这一系列的椅子获得了很大的成功，成为展览会上的明星。也就是从这时候开始西蒙和芬兰资深木匠卡利·沃泰尼恩(Kari Virtanen)进行合作，这种合作关系一直持续到今天。

西蒙与Artzen

同年，西蒙再次回到母校成为一名家具与室内设计系的教师，同时成为时任校长库卡波罗先生的助手，在库卡波罗身边工作的日子，西蒙十分难忘。他回忆说："库卡波罗很少会来解释为什么他会这样做设计，我的方法就是跟在他的身边，观察他的一举一动，不断询问，我了解到了很多以前做学生的时候了解不到的东西，这些东西让我终身受益。"

除了在学校的工作之外，西蒙这段时间开始活跃于一些社会活动中，并且在一些社会组织中崭露头角，例如成为芬兰著名的设计杂志《形式、功能、芬兰》的编委，并且在芬兰文化基金会中担任职务。这段时间，西蒙的家具设计也进入了一个新的阶段，他的设计思想开始被人们所熟悉并接受。1988年，他参加了由芬兰室内建筑师协会组织的家具设计竞赛，他设计的Bok椅挑战性地运用了模压成型技术，使椅子展现出富有弹性的个性形象，获得了一等奖。

聚会上的西蒙

为表彰西蒙在家具设计方面的卓越成就，1989年，西蒙再次获得芬兰国家艺术奖，这一次他获得了15年的资助，这在芬兰历史上是非常少见的，据说从那以后再也没有人获得过如此长时间的资助。这一次获奖对于西蒙来说是至关重要的，他可以不用像其他设计师那样为了生计而不得不抛弃很多自己的想法，只能听从厂家的意见。他可以自由地，不受任何约束地进行家具设计方面的试验。

20世纪90年代是西蒙家具作品非常丰盛的一个时期，像Tapper作家椅、Tumppi椅、Visa椅、Aspen橱柜、Profiili系列椅等都是在这个时期完成的，他还和约里奥·威勒海蒙一起为瑞典的Klaessons家具公司设计了Flok椅、Adam椅等。另外，西蒙还举办了很多有关其家具设计的展览，其中包括1992年的New Things展览，这次展览中的作品是西蒙草图本上的一些作品的三维体现，是由一个工艺学校的学生们制作完成的。西蒙说："我非常喜欢这次展览，就像是一股十分清新的空气一样，让人神清气爽。"

1995年，西蒙被瑞典哥德堡艺术与设计大学聘为客座教授，他开始穿梭于北欧各地，经常在各种场合发表演讲，宣传自己的设计思想，他的影响力变得越来越大，他的作品争相被各国博物馆收藏，其中比较著名的像德国汉堡的für Kunst und Gewerbe博物馆、美国纽约的Cooper-Hewitt博物馆、英国伦敦的Victoria and Albert博物馆。1999年，他获得了在北欧最有影响力的设计大

芬兰美丽的冬天

奖——瑞典布鲁诺·马蒂森(Bruno Mathsson)奖；这是由瑞典布鲁诺·马蒂森基金会设立的，奖励给那些在北欧设计界作出突出贡献的最杰出的设计师们。

进入21世纪之后，西蒙开始对利用可以循环使用的材料进行家具设计产生了浓厚的兴趣，他更加关注环境，倡导人与环境的和谐相处，倡导可持续性的设计原则，他十分喜爱木材，反对使用塑料，号召人们克服自己贪婪的欲望，反对过度设计，他这一时期的作品都十分鲜明地表达了这一设计理念。他变得越来越黑白分明，他曾笑谈，"我是一名设计警察"。他十分推崇极简主义设计风格，在他的作品中也越来越可以察觉出乡村文化对其产生的深厚影响。

2006年，他被母校聘请为家具与空间设计系的唯一的一位教授，这一职位在芬兰设计教育界具有着举足轻重的地位，他十分开心地接受了这一任命。同时，他也把家从生活了10多年的城市赫尔辛基搬回了自己的家乡Jyväskyla，他说他热爱自己的家乡，那里四季分明，遍布着美丽的湖泊，那是他设计灵感的重要源泉。

在西蒙40多年的设计生涯中，他从未因为外界的变化而改变自己的设计信仰和原则，他一直坚持走自己的路。

■ Simo Heikkilä英文简介

Simo Heikkilä was born in 1943. His father is a lawer and his mother is good at tiny, small-scale paintings. Simo graduated from the Ateneum School of Applied Arts with a Diploma in Interior Architecture in 1967. He was then employed by Marimekko Oy to design exhibitions and retail environments, offices and small-scale public spaces. In the 1980's, his studio focused on exhibition architecture in particular, with furniture design as the main area. He was awarded a five-year grant by the Central Arts Councial of Finland in 1988, which gave him an opportunity to exercise artistic freedom and participate actively in exhibitions. His works has been presented at a large number of personal and international exhibitions worldwide. Since the 1970s, he has contributed significantly to furniture design both in Finland and abroad, In recent years, he has been head of the Wood Studio at the University of Art and Design Helsinki(UIAH). He has been awarded numerous prizes and awards. He lives and works in Jyväskylä.

Simo Heikkilä is systematically adapt at expressing his personal world view and the design philosophy that drives it. He conceptualizes his objective from a clearly and honestly articulated starting point. His words and writings provide open views into the contents and messages of his work. The objects he has designed propel them into our awareness.

In His design Simo Heikkilä concentrates on three paremeters: the detail, the structure and the visible concept which collectively shape the totality. He often starts out with some small, modest detail, then advances to a larger scale, further dialogue with the structure and, as a result, the general form becomes clear. That detail "though it plays the main part, is not always a conspicuous one," as he says. Inconspicuous is the intriguing hallmark of high caliber design, of which also Kaj Franck has said, "I want to make utility objects that are so self-evident to the point of being inconspicuous".

Simo Heikkilä does not design by drawing; he makes notations of details, including small banal ones, then proceeds to realize them directly in the model on a one-to–one scale. Details are ideas, mostly structural ideas that set the aesthetic tone of the integral shape. For example, Heikkilä only uses black screws and exposes the screw heads because they explain the entire piece of furniture, the structure of the chair through its structural joints.

Simo Heikkilä is the link in that chain of development of wooden furniture in which Finland has a remarkbly long tradition derived from the centuries-old Finnish wood-based culture. For its own part, it has demonstrated to the Central European and American metal cultures that, wood is firstly a more consumer friendly material than metal, and secondly, that equally strong chair legs can be developed from wood structures as from metal. "wood as wood and metal as metal", says Simo Heikkilä but adds, "I am not alienated by metal, I conspicuously experiment with material combinations which, through the use of contrasts, take advantage of the elasticity and flexibility of wood and the strength of steel."

With his "Tumppi" chair, Heikkilä has defied conventional design and design principles and taken them to a new level. This chair is not fit for adult but also for children. Simo's idea to design this kind of low chair is influenced by oriental living culture. Simo often travels to Japan, he finds that kind of low chairs in hotel. He is very interested in it. When people sit on this kind of low chairs, it is easier to move body and stretch your legs. Originally Simo designs this chair just for his own living room, and later many visitors like this chair very much, and ask where can buy this chair. Simo begins to improve it further and contacts with the manufacturer, fortunately the manufacturer likes this chair also and starts to manufacture it immediately. This chair sells very good. This is the story of Tumppi. This chair is very low, and the angle of back is big, to balance the whole chair, the angle of back leg is relatively big. The material of leg has two versions: wood and steel. The steel version is more popular. Before design this chair, Simo did many ergonomics experiments with his students to research which size and angle is the best.

Simo Heikkilä designed a chair in 1984 for Pentik. There is an interesting story about the name of this series of furniture. Originally the name is Tarzen not Artzen. Tarzen is name of the leading actor in a very famous American novel. Heikkilä has a feeling that time, if Tarzen has a family, he must like the furniture he designs. After exhibiting this series of furniture, many furniture companies contact with Simo and want to manufacture them. Later to avoid some unnecessary troubles, the name is changed to Artzen. Heikkilä designed this chair with a very experienced carpenter——Kari Virtanen. Heikkilä's idea is to design a chair using very slender birch parts and can be used in public place. They begin to do experiments using different thickness, to research the possibility of using the smallest part, finally they decide to use 27mm thickness parts. This chair is a very simple design, the triangle wood in the corner strengthens the chair. If we look at it from the side, we can find a contrast of straight line and curve line, this is a very elegant design. They use good quality birch to make 12 different models, including chair, table and stool. That spring, Artzen series is exhibited in Copenhagen exhibition, and gets a lot of good reputation.

Simo Heikkilä often go to his model maker——Seppo Auvinen's studio. One day, he finds a lot of remained material stacking outside of his studio. Auvinen prepares to burn them.

Heikkilä think it is a pity to just burn them, maybe I could use them making something useful. He begins to do some experiments using these materials. Because these woods are very small, so Heikkilä tries to glue them together and then puts them into the press machine. During the pressing process, these materials will move so it is very difficult to control the pressed panel shape. In a result every pressed panel is unique. Heikkilä tries to simplify the stool's material and construction. He also does a lot of experiments about the construction. In the middle of this panel, some are hollow and others are solid. Simo adds some dying color into the panel during pressing them to make some colored panel. About these benches, Simo says:" The bench belongs among my unconditional favorite objects, being a traditional, versatile space-editing piece of furniture. Initially, my own bench experiments were material and structural simplifications. More recently, wood remnant embellishments have been added."

In 1981, Heikkilä makes a chair to test different seat angles using 24-26 different screws. These screws can be twisted, pulled and pushed in all directions. This is a fantastic chair. After Heikkilä paints it in very bright and cheerful colours. He sents it off as a tongue-in-cheek entry for the Suomi Muotoilee exhibition in 1988 or 1989. He has done quite a lot of small armchairs like that, a little lighter, though. It is a nice piece of furniture—based on a hole and a screw. The lightness and the simplicity of form, the thinness of the materials—it does have its similarities with Reikarauta. And for some reason, a picture of that chair is published in the in-flight magazine of Scandinavian Airline Systems. Heikkilä gets thirteen orders from around the world immediately, all from furniture collectors.

The ETC chair is for a competition organized by a Finnish famous furniture company—ISKU. All parts of this chair are made of plywood and big solid wood. The connecting way of front leg and back leg is very special. The seat stretches to back and up and connect two back legs, it stretches to front and down and connect two front legs. In order to make the chair stronger, two small wood parts are used behind the seat. This chair is very light, all parts are necessary and no any additional parts. Heikkilä creates a very special construction. This is the result of his exploring on the furniture construction continuously.

Against this background, Heikkilä's novel solutions seeking and finding "laborarory" works are and should be examples for the directions of the Finnish furniture industry and its international marketing strategy. From standpoint of nature conservation and protection, Simo Heikkilä's world view and its derivatives: Interior architectural vision and chair concept are sustainable energy, material-saving and more simple; yet they are apotheoses, or songs of praise to an intellectually and materially more luxurious way of life.

■ CV

西蒙·海科拉（Simo Heikkilä）

设计师，芬兰室内建筑师学会室内建筑师
1943年	出生于芬兰赫尔辛基
1967年	毕业于赫尔辛基艺术与设计大学（原阿黛农实用美术学院）
1967~1970年	赫尔辛基**Merimekko**公司助理设计师
1971年至今	创建自己的设计工作室，主要从事室内设计、家具设计、展示设计和教学活动，至今仍然活跃在这些领域

任教情况
1975~1981年，1984~1988年，1995年至今	赫尔辛基艺术与设计大学
1971~1975年	赫尔辛基理工大学建筑系
1973~1975年	坦佩雷(Tampere)理工大学建筑系
1985~1988年	伯根艺术与设计大学客座教授
1995~1996年	哥德堡艺术与设计大学客座教授

社会活动情况
1985~1988年	《形式、功能、芬兰》杂志编委
1985年	芬兰文化基金会
1989~1995年	国家工艺与设计委员会

获奖情况
1968年	Asko家具设计竞赛第一名
1981年	芬兰国家艺术三年奖
1983年	芬兰室内建筑师学会名誉会员
1984年	芬兰室内建筑师奖，哥本哈根
1985年	拉赫蒂家具设计竞赛
1986年	国家设计师奖
1989年	芬兰国家艺术十五年奖
1989年	芬兰室内建筑师家具奖
1990年	INSPIRA一等奖，应邀参加斯堪的纳维亚设计竞赛

1990年	Seville世界博览会芬兰馆设计竞赛一等荣誉提名
1992年	瑞典Forsnäs奖
1999年	瑞典Bruno Mathsson奖

家具设计

Asko Oy	拉赫蒂
Artzan Oy	伯西欧
Avarte Oy	赫尔辛基
Botnia-Pine Oy	卡萨玛基
Economic-Kaluste Oy	赫尔辛基
Greenbox	玛凯利
Haimi Oy	赫尔辛基
Isku Oy	拉赫蒂
Klaessons AB	Fjugesta，瑞典
Lapicea Oy	鲁卡
Lepofinn Oy	维拉德
Nikari Oy	布斯卡斯
Swedese AB	瓦格立德，瑞典
Vivero Oy	赫尔辛基
Yamagiwa公司	东京

室内设计

Alform Oy
赫尔辛基镇
Wilhelmiina看护中心，Miina Sillanpää基金会
IBM
Joensuu图书馆
Klikki Oy
Mainostoimisto Sek
Marimekko Oy
Rank Xerox
Erkki Ruuhinen
芬兰邮政事务所
坦佩霜大厦，音乐厅椅子
Heureka科学中心，天文馆报告厅的椅子设计

Varis & Ojala Oy
Oy Wulff Ab
Öljynpuristamo Oy

作品参展情况

1981~1987年	芬兰设计，赫尔辛基应用艺术博物馆
1982年	芬兰Gestaltet，museum fűr Kunst und Gewerbe，汉堡
1982年	现代斯堪的纳维亚，Cooper-Hewitt博物馆
1980年	纽约商标中心，St.Paul，Renwick艺术画廊，华盛顿特区
1982年	自然设计，Architecture Granbrook，艺术学院，密西根
	城市会堂，芝加哥Dallas科学与工业博物馆
1983~1985年	芬兰设计，Karlsruhe，Apeldoorn，ent，Madrid，San Sebastian
1984年	足尺家具，赫尔辛基Kluuvi画廊
1984年	斯堪的纳维亚Artek的新椅子，赫尔辛基
1985年	Le Affinita Elettive，Triennale di Milano
1987年	日本的生活方式，斯堪的纳维亚设计巡回展
1987年	Puun kieli，赫尔辛基应用艺术博物馆
1988年	芬兰设计，威尔斯
1988年	设计师光辉Yamagiwa，Axis画廊东京设计展，东京
	"IN-SPIRATION" Musée des Arts Décoratifs，巴黎Artemide，米兰
1988年	来自芬兰的新形式，苏格兰皇家博物馆，马德里现代艺术博物馆
1991年	Metsästä huonekaluksi，设计论坛，赫尔辛基
1991年	Muodon puutarhat，Retrett，Punkaharju
1992年	斯堪的纳维亚设计，设计博物馆，伦敦
1992年	新事物，设计论坛个人展览，赫尔辛基
1995年	当代芬兰设计，Nice现代艺术博物馆
1995年	二十世纪斯堪的纳维亚设计，Yamagiwa艺术基金会，东京
1995年	设计与绘画，Hakala，Heikkilä，Järvisalo，Mäkelä，雕刻家画廊，赫尔辛基
1996年	西蒙·海克拉家具展，Röhsska Museet，Gothenburg
1997年	个人展览，Jyväskylä芬兰中心博物馆
1997~1998年	每天的风雅，Nagoya设计中心，东京
1998年	SE年展，Kunstidustrimuseet，哥本哈根
1998年	芬兰现代设计1937~1997年，Bard Graduate中心，纽约
1999年	Periferia设计，设计论坛个人展览，赫尔辛基

展示设计

1981~1987年	芬兰设计展，应用艺术博物馆，赫尔辛基年展
1983~1985年	芬兰设计Karlsruhe，Apeldoorn，Gent，Madrid，San Sebastian
1984年	设计在美国——The Granbrook Vision，赫尔辛基应用艺术博物馆
1984~1986年	Ilamary Tapiovaara回顾展，赫尔辛基应用艺术博物馆
1987年	日本的生活方式，6城市巡回展
1987年	Kari Virtanen，Artek，赫尔辛基
1988年	来自芬兰爱丁堡的新形式，马德里巡回展
1989年	Markku Kosonen，25画廊，赫尔辛基
1991年	Fratres Sprituales Alvari，阿尔瓦·阿尔托博物馆，Jyväskylä
1993年	Graphica Creativa，阿尔瓦·阿尔托博物馆，Jyväskylä
1994年	Postiuseo永久性陈设，赫尔辛基
1995年	Pekka Vuori回顾展，设计论坛，赫尔辛基
1995年	Caj Bremer-Bold and Beautiful回顾展
1995年	为建筑、室内所做的设计作品展
1998年	阿尔瓦·阿尔托，建筑师，永久性陈设，阿尔瓦·阿尔托博物馆，Jyväskylä
1998年	虚空，室内设计展，Jyväskylä艺术博物馆
1998年	阿尔瓦·阿尔托，Littala Glass博物馆

收藏西蒙·海克拉作品的博物馆

应用艺术博物馆	赫尔辛基
Kunstindustrimuseet	奥斯陆
Kunstindustrimuseet	哥本哈根
Röhsska Museet	哥德堡
fűr Kunst und Gewerbe博物馆	汉堡
Cooper-Hewitt博物馆	纽约
Victoria and Albert博物馆	伦敦

西蒙的设计理念和风格

• 吵闹的物品

西蒙设计的饰品

据估计，世界上生存的动植物种类有150万种左右，与之形成对比的是，人们创造出的专利种类已经有500万种，一个成年人在他或她的一生中会使用2万~3万件物品，这个数字简直让人难以相信，所以期望这些物品至少是简单易用的就显得非常合理。很难估计有多少物品是完全没有用的，其所传达的信息就是不可持续发展的设计。在处于身份危机的剧痛中，西方世界转向创造过剩的物品，安全感是建立在随手可丢弃的垃圾物品的基础之上的。

可长期存在的产品意味着不仅减少了材料的消耗，也减少了能源的消耗，这些道理在很早以前就已经被农民们所理解，他们只制作他们需要的东西，大部分只是为了自己使用。这些物品是不证自明的，它们在某项工作中被使用，尽管它们并不引人注意，但是关于它们的制作者的赞扬还是口口相传。

当我还是一个学生的时候，就开始考虑设计一件新的物品的理由和正当性，认为新的物品的超级品质至少应该取代市场上两件为同一项工作所设计的产品，而这两件物品的使用性能一定不如新的产品。当你今天设计一件物品的时候，总是会跟随着一堆廉价的复制品，而这些产品通常缺乏这些基本品质中的任何一个。无论我们是否注意到，每一件被制造出来的物品，无论是一座建筑，还是一双筷子，都不可避免地在改变着我们的环境。不论是设计师，还是生产者、销售者都对这个物质负有责任，也对整个地球的未来负有责任。

西蒙设计的家具局部

大众和媒体的关注使得一个设计师迅速忘记了他或她在艺术学校听到的关于设计的崇高目标。现在的人们都被贪婪所控制，这也就是今天我们周围的物品越来越多的原因。一部手机并不像广告中建议的那样需要12种不同的颜色的外壳，尽管可以循环利用，但是这些外壳仍然是一种污染。

● 丰富的森林和空荡的房间

　　没有人会怀疑自然界作为激发艺术家、建筑师、设计师和工匠的灵感的重要性。一些人在自然界中寻找真正的材料，一些人在自然界中寻找生动的色彩，一些人被自然界中有机的造型所吸引，另外一些人则发现了自然界的风景可以给他们躁动的心灵带来宁静。自然界静静地在那里，也向人类展示了她的力量，这是一件多么非凡的事情。而现在普通的木材已经不足以满足人们的需求，人们发明了浸渍木材、压缩木材和热处理木材，人们常常用不同的方法消除木材非凡的自然品质，再过几十年，我们就可以看到真正的结果了。

　　真正的材料永远是自然界不可分割的一部分。对于自然界的材料的模仿，以及寻求其替代品暗示着对于真实的材料的漠然和轻视，而不是与自然界真正联系在一起。美观的和具有个性的老旧物品和古董讲述的是那个曾经存在过的一种生活。在一个没有根基的社会里，人们渴望拥有古董，因此真正的物品被一堆大批量生产的、虚假的、和现实生活分离的古董挤到了一边，甚至我们这个时代的建筑创造出的也是过去的形象。

　　时尚驱使着人们从一种狂热到另一种狂热，设计师也是这样，为了使这个世界看起来不那么拥挤，杂志中有关新时尚的那些页面最近开始推荐以优雅的空虚为特色的房间。这并不是在对吵闹的物品进行有意识的重新评估，或者东方哲学的国际化，而是一种时尚的奇想。在这样的空虚的房间里面，可能只有一件物品，可能是一把椅子，却几乎根本不能坐。尽管这样，空虚的空间作为一种时尚，也暗示着人们对于和谐的一种深层次的需求。

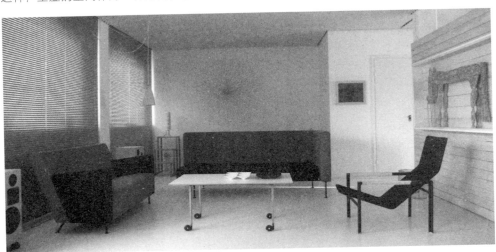

西蒙家具作品展厅

● 西蒙·海科拉的纯粹

——前芬兰设计博物馆馆长Tapio Pariäinen

西蒙的展览设计

西蒙非常善于系统地表述自己的世界观及驾驭这种世界观的设计哲学。在设计中他总是从一开始就以明确而真实的表达来使他的目标概念化。从他的言谈和文章中，我们都可以看出其作品内容和所传递信息所表达出的开放性思维方式。他的设计作品使我们能够更进一步地了解其设计观点。

西蒙在1981年时曾经说过，"简单并且切实有用的东西才是最好的"。对简洁和质朴的爱好使他与自然而又精深的农具文明结下了不解之缘。不管是在芬兰还是其他国家，农具文明是许多天才设计师的灵感源泉，如法国的勒·柯布西耶就是一个典型的代表。农具文明的这种影响对凯·弗兰克的设计理念和作品形式也都产生过决定性的作用，这种被西蒙称为"纯粹性"的设计理念和作品形式也对西蒙产生了重大的影响。

现代芬兰语词典对"纯粹"一词的解释共有204条，其中的每一条都明显借鉴了作为设计师、室内建筑师和教师的西蒙对"纯粹"所作的解释。

"纯粹"一词表达了人与物之间关系的冷漠程度，这种关系一直渗透到人们灵魂的深处，以及我们周围环境的结构之中。在1984年的访谈中，西蒙曾经说道："在生活中，我总是尽可能地避免堆砌，以免自己被一些不需要的东西所包围。我总是竭尽全力有意识地在空间中保留某些空白，这些留有空白的空间甚至可以使一个小小的房间也能给人以舒适的感觉。"

根据东方的哲学，"空"是一种普遍的基本状态，是一种多功能、开放而又丰富多彩的宇宙现象。印度的圣经中就记载了"空"的10种含义，其中的第6种即是"纯粹性"，这意味着"空"所表示的含义是"纯粹，不会给人带来任何苦恼"。

西蒙的设计作品特别注重细节、结构和视觉概念，这三方面综合决定了作品的整体面貌。他的设计经常从一些小而实在的细节出发，逐渐扩展到尺度较大的部分，继而进一步延伸至作品的整体结构，最后作品的总体形象便清晰地显现出来。正如他所说的那样，细节"虽然扮演了重要的角色，但并不总是引人注目"。不引人注目正是高品位设计作品的魅力所在。凯·弗兰克也曾经说过类似的话："我希望设计一些切实有用的东西，它们自然而然地存在着，不会引起人们过多的注意。"

　　西蒙从不依据图纸设计。他只是不断地画些草图，随时记下关于细节的设想，甚至包括一些小而乏味的细节，而后直接制作足尺模型来加以推敲。对他而言细节就是设计构思，而且在许多情况下，结构往往能决定一件设计作品的整体形式美感。例如，西蒙只使用黑色的螺丝钉并且让钉头暴露在外，因为它们从连接构造上解释了椅子的整体结构及家具的总体设计。

Tummppi椅

　　我们可以但或许又不可以忽视西蒙在作品中所表达出的幽默感，正是这种幽默感使他能够不断涌现出一些有趣的、同时又十分有价值的新的感悟。比如说，他借鉴草叉的形式作为椅子的工业化结构元素，结果这件作品成为米兰三年展中极有新闻价值的作品；在与约里奥·威勒海蒙的合作中，廉价的安全别针解决了技术上难以解决的椅子坐垫活动的问题；西蒙曾邀请50位朋友为Gala五十年展设计50个任意形状的鸟笼，把动物的权益放在人类世界的首位，通过这种方法表达了他对高于人类之上的大自然的崇高敬意。

　　西蒙觉察并解决了不良的座位尺度问题，很好地预防了椅子所引起的行动性疾病（根据外科医生的说法，50%的这类疾病都是由于坐在椅子上所引起的），在Tumppi椅的设计中，西蒙降低了座面的高度，使座面贴近地板，从而使就座与起立都变成了费力的行为，起到了促进血液循环、防止肌肉僵化的作用。这一方法大大扩展了人体工程学的概念：椅子并不只是为了支持骨骼和防止肌肉萎缩，它同时还具有活动肌肉以保持健康的运动姿势及平衡骨骼和关节的作用。椅子不应该让就座的人过于平静，以至于陷入被动舒适的不健康状态。换句话说，每一件家具，尤其是椅子，都必须是"纯粹的，不会给人带来任何苦恼的"。

在Tumppi椅中，西蒙否定了传统的设计手法和设计规则，把它们提高到一个新的层面，以更为深入的视角赋予人与环境之间的基本关系以新的内涵。发展心理学采用类似手法从智力和体力两方面为儿童制定了大量激励措施，以刺激他们沿着多样化的方式而健康成长，并促进由先天遗传所决定的人类整体潜能的开发。设计是改善对成人环境带来消极影响，并威胁人类生理与心理健康的不良因素的一个非常合适的方法。

西蒙的纯粹性具体指的是简洁的形式和朴素的基本功能，这为强调可持续发展、重视身体健康和智力开发的未来带来了重要的启示。同时，也为欧洲文明的发展带来了启示，欧洲的悠久历史传统、古典的器具及变革时期所出现的怀旧情绪使现代技术、现代工业和工业设计的发展受到了很大的影响，西蒙的思想也为欧洲的物质文明带来了新的信息。他甚至还为寻求达到与工业化国家同样生活和居住水准的发展中国家指明了前进的方向。发展中国家仍然处于多元文化价值共存的状态，手工制作和工业化生产在这些国家中同时存在。

西蒙绘制的草图

木制家具在芬兰有着悠久的传统，它是从古老的芬兰木文化中衍生出来的，西蒙是芬兰木制家具发展史中的重要一环。将木制家具同欧洲中部和美国的金属文化相比较，会发现木材比金属更加贴近消费者的心灵，是一种更为友好的材料，而且木材可以制造出与金属同样结实耐用的椅腿。西蒙说："木头就是木头，金属就是金属。"但他接着又补充说道："我对金属没有偏见，我非常喜欢对材料的接合方式加以实验，尤其喜欢通过对比的运用使木材的弹性和柔韧性与钢材的强度特性都得到充分的发挥。"

以此为背景，西蒙用新颖的方法设计完成的作品"laboratory"，自然成为芬兰家具工业及其国际市场战略发展的指导性范例。从自然保护的立场上，我们不难看出西蒙的世界观及由此而衍生的设计观点：室内设计和椅子设计应该以可持续发展的能源策略、节约原材料和简洁为基础。当然，这可能是一种极端完美的状态，或者说是对舒适的精神和物质生活方式的一种礼赞。

■西蒙的
经典作品分析

1．Metri灯具/1988年

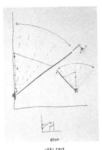

草图

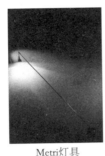

Metri灯具

制造商：Yamagiva 公司

这个灯具是西蒙和日本的一家公司Yamagiva合作完成的作品，谈起这件作品不得不说说西蒙和日本著名的设计师仓俣史郎（Shiro Kuramata）之间的深厚的友情。1981年西蒙第一次去日本东京，出行前西蒙在杂志上看到了很多有关仓俣史郎的介绍和他的设计，当时就对他产生了非常浓厚的兴趣。可巧的是，到了日本以后，在东京建筑师事务所工作的一位芬兰设计师，也是西蒙的朋友，他和仓俣史郎非常熟识，遂安排他们两个人见面，但是约好时间只有半个小时。西蒙回忆说："那天我去了以后，见到了仓俣史郎，我们越聊越开心，一边聊天一边喝酒，半个小时很快过去了，仓俣史郎丝毫没有结束谈话的意思，结果我们一直聊了3个多小时，聊了很多有关设计的东西，那次谈话给我留下了深刻的印象。我回到芬兰后不久，就接到了来自仓俣史郎的邀请，参加一个名为in-spiration的国际设计展览，所以我想我们那次谈话让他了解了我的一些设计想法，而且一定得到了他的认可，我感到非常开心。"

参加这次展览的是来自世界各国的21位设计师，组委会要求每一个被邀请的设计师设计一件具有某种特定功能的灯具，而且必须事先确定设计的灯具是固定在墙壁上、天花板上还是放在地板上。西蒙设计的是一个固定在墙壁上的读书灯，设计灵感来源于芬兰传统的壁灯。这次展览先后在日本东京、法国巴黎和意大利米兰展出。

组织这次展览的公司是日本非常大的一家灯具公司Yamagiva公司。在这次展览之后，他们又和西蒙联系，要把这个灯在日本投入生产。西蒙对自己这段经历非常感慨，他说："建立一种网络对于设计师来说是相当地重要，了解别人，同时让别人了解自己，在恰当的时间遇见的一些重要的人物可能会为你打开许多扇成功之门。这已经成为了设计师除设计工作之外的一项重要的工作，尤其在现在竞争日趋激烈的情况下，年轻的设计师们则更需要注意在这个领域建立自己的人际网络。"

Metri灯具局部

2．Tapper 作家椅/1998~1999年

材料：钢材，桦木胶合板

这是西蒙为芬兰著名作家哈利·泰勃（Harri Tapper）专门设计订做的椅子，并以作家的名字命名。哈利来自芬兰非常有名的一个艺术家庭，西蒙说："我曾经为哈利的一个兄弟做过展览设计，因而结识了哈利，我们多次一起旅行，成为了好朋友，我记得有一次我们开车从Jyväskyla出发去芬兰另外一个城市，在路上，他突然问我：'你那里是否有适合作家使用的椅子？'我回答说：'没有，但是我可以为你设计一把。'这就是这把Tapper作家椅的由来。"

西蒙和哈利一起看了很多式样的椅子，最后决定为哈利度身订做一把椅子。设计这把椅子用了近两年时间，西蒙不断地制作模型。对于西蒙来说，这是一项非常愉快的设计工作，哈利给西蒙讲了自己现在使用的那把椅子的很多问题，西蒙就针对这些问题逐一进行解决，这种一对一的设计任务对西蒙来说是第一次，通常来讲，设计师很难有机会倾听使用者的意见。

设计改变了坐的方式，而对作家来说最重要的是他可以坐着移动。椅子尚未完工时，西蒙和哈利两人就在设计过程中结下了深厚的友谊。椅子只不过是一个家具而已，但是却可以引发设计师和使用者之间的有关哲学的讨论，这是一件很有乐趣的事情。

哈利以椅子和坐为主题，为西蒙在1999年设计论坛的展览上写了大量具有真知灼见的格言，作为他们合作和友谊的见证。

Tapper 椅

"柔弱的下半身使我不由自主地向桌子下面滑动，只能无精打采地坐着，用肩胛骨来制止这种滑落趋势。这种不稳定的姿势总会让人想起一种坐卧不定的虚构的人物形象。

作家总是久坐着工作，他们的头就像一块硫磺。一把柔弱的椅子会让他们整个崩溃，就像一个垂死的人等不到春天的到来那样。而一把结实的椅子却能够让作家们头脑灵活，创作上升到一个新的文学高度。

作家们常常把注意力集中在他们的作品上，而不会在意他们的身体状况。直到他们开始为身体不适而苦恼。虽然医生为他们开的药方是'一把好椅子'，但作家们却并不理会这些。因为，医生什么时候变成木匠了呢？

认真考虑这个问题会发现我们并不是终生都使用同一把椅子。它们真的能成为独立存在的个体么？

且不考虑过去对椅子的争论，几千年来，椅子一直是桌子无可非议的伴侣。桌子常常是值得赞美的家具。但假设房间里根本没有椅子，那会怎么样呢？我们最好尽快离开！

当一个人逐渐老去的时候，椅子将一直伴随着他在公园和墓地静静地休息。"

——哈利·泰勃（Harri Tapper），1999年

Tapper椅草图

3．Tumppi椅/1999年

材料：经过压制处理的桦木，钢材

制造商：Avarte公司

　　"设计的初衷是想制作一把在沙滩上使用的矮塑料椅。但后来，它使我产生了为那些电视椅经常不够用的家庭设计一种小型便携式扶手椅的想法。"

——西蒙·海科拉，1999年

　　Tumppi在芬兰语中的意思是"小型的"，这把椅子不仅适合成年人而且适合孩子们。西蒙产生了设计一把低矮的椅子的想法是受到了东方起居文化的影响，他经常去日本旅行，他发现日本人到现在还保留着席地而坐的生活方式，他对此非常感兴趣。另外，他也注意到当人们坐在这种低矮的椅子上面的时候，更容易移动身体，人们可以很容易伸直双腿或者将背向后靠，这样都给人们带来身体上的放松。

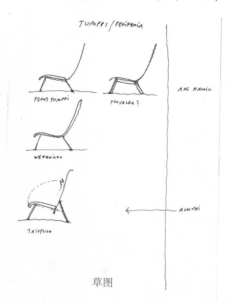

草图

　　Tumppi椅本来是西蒙为自己家的客厅设计的，后来很多来访的客人都非常喜欢这把椅子。询问哪里可以买到。西蒙便开始把这把椅子的设计进一步完善，然后就和家具工厂取得联系，幸运的是厂家一下子就看中了这把椅子，不久就开始大批量生产，并且销往包括中国在内的多个国家，结果销量非常好。

Tumppi椅

　　Tumppi椅外形低矮，靠背向后的倾角比较大，为了保证整个椅子的平衡，所以后腿相应地倾斜度也比较大，椅腿的材料有两个版本，金属的和木材的，其中金属版本更受到人们的喜爱，因为金属部件直径为**16mm**，这种纤细的腿部使得这把低矮的椅子显得更加轻巧。座面和靠背的构成形式也有两个版本，一个版本靠背和座面分开的，另一个版本是连续的，相比之下后者对于生产水平的要求非常高，强度必须足够大，所以成本比较高，但是这种版本外形流畅，而且可以使使用者获得一定的弹性，更加舒适。

Tumppi椅和桌

芬兰著名的设计评论家塔皮奥·派利爱尼恩（Tapio Periäinen）曾经这样评价西蒙的Tumppi椅：

"西蒙觉察并解决了不良的座位尺度问题，很好地预防了椅子所引起的行动性疾病（根据外科医生的说法，50%的这类疾病都是由于坐在椅子上所引起的），在Tumppi椅的设计中，西蒙降低了座面的高度，使座面贴近地板，从而使就座与起立都变成了费力的行为，起到了促进血液循环、防止肌肉僵化的作用。这一方法大大扩展了人体工程学的概念：椅子并不只是为了支持骨骼和防止肌肉萎缩，它同时还具有活动肌肉以保持健康的运动姿势及平衡骨骼和关节的作用。椅子不应该让就座的人过于平静，以至于陷入被动舒适的不健康状态。在Tumppi椅中，西蒙否定了传统的设计手法和设计规则，把它们提高到一个新的层面，以更为深入的视角赋予人与环境之间的基本关系以新的内涵。"

放到橱窗里的Tumppi椅

4．Artzen椅/1984年

材料：桦木，桦木胶合板
制造商：Pentik股份有限公司
"鉴于传统物质生产的时间性很强，应该可以逐步建立一种无可非议的概念。"

——西蒙·海科拉，1984年

有关这一系列家具的名字还有一个有趣的故事，起初使用的并不是Artzen这个名字，而是Tarzen，大家都知道它是一本美国小说里的主人公的名字——泰山，好莱坞一家电影公司将其改编为闻名世界的卡通片《人猿泰山》，西蒙当时就想，何不使用这个名字作为其设计的这个系列家具作品的名字，因为西蒙冥冥中有一种感觉，如果泰山有一个家的话，泰山一定会喜欢他设计的家具。第一次在国际博览会上展出这个家具系列之后，获得了非常好的声誉，这一系列后来获得了很大的成功。大家开玩笑说，看来这些家具不仅适合城市中的人们，也适合森林中的狮王。但是后来为了避免不必要的麻烦，西蒙他们还是决定将名字进行修改，把原来词首的"T"移到后面，就变成了Artzen。

草图

Pentik公司是芬兰一家主要做家居用品的公司，它在芬兰北部城市Posio有一个工厂，有一天工厂的负责人陶比·班缔凯尼恩（Topi Pentikäinen）打电话给西蒙，问他是否有什么想法可以在那个工厂里做点什么，西蒙非常感兴趣。那是1984年，一个非常冷的冬天，西蒙和芬兰的一位资深木匠——凯力·沃泰尼恩（Kari Virtanen）开着老式沃尔沃货车，开向Posio，开始了在那里的工作。

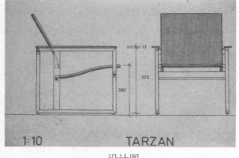

设计图

西蒙当时的想法就是用最纤细的桦木零件来制作椅子，而且这些椅子可以放在公共空间，被人们频繁使用的，这是对结构强度的一个巨大考验。西蒙和凯力商量是否可以制作这样一把椅子，其侧面框架是由水平和垂直两个方向的零件组成的，这样单人座椅和双人座椅就可以使用同样的侧面框架部件了。他们开始用不同厚度的零件做试验，探索在保证强度的前提下，可以使用的最小的零件，最后他们采用27mm厚度的零件来设计制作了这把椅子。

这把椅子是一个非常简约的设计，零部件非常纤细，角部的三角木块加强了椅子的强度。因为使用的零件很细，所以需要单个零件的品质很高。从侧面可以看到，直线和曲线有一种对比，黑色和自然色又产生一种对比，这是一个非常具有女性化的优雅的设计。西蒙和凯力使用优质的桦木，没有花费太长时间就制作了**12**个不同的模型，包括椅子、

Artzen椅

桌子和凳子，形成了一个系列产品。紧接着**Artzen**系列就在哥本哈根博览会上亮相了，当时获得了很多好评，直到现在西蒙还在他的夏日别墅中使用着这把椅子。

Artzen椅和桌

5. Markiisi椅/1986年

材料：桦木，帆布
制造商：Pentik股份有限公司

"我从不区分居住空间和工作空间，二者只是同一个人在不同时刻所处的不同地点而已，而同一个人的尺度始终是一样的。"

——西蒙·海科拉，1985年

毫无疑问Markiisi椅是西蒙设计的最好的椅子之一。通常这种帆布椅的设计会在四周使用金属框架，那样使用者的腿部、臀部和头部都会接触到坚硬的金属，导致不舒适感，西蒙当时的想法就是想避免这种问题的发生。

koivu ja markiisi
mallipuuseppä: Kari Virtanen
valmistaja: Pentik Ky

"En tee eroa julkisen tilan ja kodin välillä. Sama ihminen niitä kalusteita kuitenkin käyttää. Ei ihminen muutu mitenkään työmatkoillaan. Hän ei ole sen pitempi tai lyhyempi, olipa hän sitten kotona tai työssä."
SH 1985

Markiisi, 1986
birch and canvas
model carpenter: Kari Virtanen
manufacturer: Pentik, Inc.

"I don't differentiate between space within the home and the workplace. Both are occupied at different times of the day by the same individual whose physical dimensions remain constant."
SH 1985

Markiisi椅

成组的Markiisi椅

Markiisi椅的侧面

Markiisi椅在结构上十分具有创造性，座面和靠背的框架只在两侧使用金属管，这样人的后背就不会接触到任何金属管，座面和靠背彼此在端部相连，两者都处于悬空状态，完全依靠4个直径为8mm的螺钉与木质框架相连，这种处理方法比较特别，木质框架本身也采用黑色螺钉连接。西蒙个人十分喜欢这种黑色的螺钉。

Markiisi椅坐起来非常舒适，其座面和靠背都是用帆布制成的，帆布是一种令人愉悦的材料，可以随着人体的形状产生变化，当使用多年以后，座面和靠背就会产生些许下沉，留下使用者使用过的痕迹，这就让这把椅子变成了使用者个人的用品，这也是对于个性化的另外一种阐释。在框架和帆布座面和靠背之间留有一定的距离，如果你想重新使帆布座面和靠背张紧，可以使用简单的工具将有6个孔的锁扣进行重新调整，十分方便。

Markiisi椅可以在各个场合使用，包括公共空间和私人的住宅。这把椅子是赫尔辛基艺术与设计大学的教授、副校长Pekka Korvenmaa最喜欢的一把椅子，西蒙也在自己的夏日度假别墅中使用这把椅子。因为使用的是帆布这种材料，湿了以后可以快速变干，所以很适合在洗桑拿时使用，很多芬兰人都在桑拿间中摆放着这把椅子。

Markiisi椅1986年由Pentik公司投入生产，后来由于种种原因停止了，但是近期芬兰Jyväskylä的一家生产桑拿用品的公司Sunsauna将其重新生产，这把椅子20年前生产的时候使用的是芬兰著名的纺织品和服装公司Marrimekko出品的帆布，他们用来制作背包，虽然厚度只有1mm，但是品质非常好，当然价格也很贵，这次投入生产则改用另外一种加入了一些人造纤维的合成帆布，这样一来就可以有效地降低成本，品质也很不错。

6. Visa 1椅/1991年

材料：经过压制处理的曲面桦木，钢材

"每一个领域都需要有自己的试验田，并有人为此而工作。"

——西蒙·海科拉，1991年

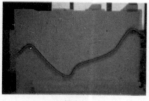

Visa 1椅

模板

Visa椅是西蒙为芬兰室内建筑师协会发起的'Forest Pieces'设计竞赛制作的参赛作品。竞赛组织者玩了一个很有趣的花样：向每一个参赛者提供一棵桦树，树种来自Punkaharju林业研究所的试验林。这些树木都比较小，也就几米高，参加比赛的一共有20个左右设计师，西蒙得到的是一棵弯弯曲曲的桦树，他立即意识到这棵树本身的外形必将影响到最终的家具设计作品。这棵树被伐倒、锯切、晾干，树皮被扒开以后，可以看到其纤维都是弯曲的，而且它的走向令人难以琢磨，可能突然会转向，其实这是一棵病树，强度却非常大。于是西蒙利用了树木本身的弯曲形状设计制作了椅子的座面和靠背，但是很明显，很难用这棵树制作椅子腿，所以他选择了钢结构的椅腿，扶手仍然使用这棵树。而且西蒙还在一些连接部分制作了这种小型的连接件来加固椅子的强度，他曾经使用过这种材料制作芬兰传统腰刀的把手，所以很了解这种材料非常适合制作成这种小的零件，强度非常高。

西蒙和模型制作师塞普·奥维尼恩（Seppo Auvinen）一起制作了这把带有童年记忆的椅子——看上去它很像西蒙童年时收集的飞机模型。椅子两侧张紧的金属杆就像飞机模型中的两个机翼的构造，而且有轮子。使用者可以在3个方向对椅子进行调节，框架和座面都是完全分离的，它们都没有被完全固定住，座面的角度也可以调节。

这种比赛非常有趣，参加者必须很好地了解树木各部分的材性，包括各部分的硬度、弯曲性能等，从这一整棵树里，你就能很好地理解究竟什么是桦木。西蒙发现很难用这棵树来制作这把椅子的所有部分的时候，就决定使用对比的设计手法，在材料上使用金属和木材进行对比，在造型上采用弯曲的座面、靠背和张紧的金属杆进行对比，收到了非常好的效果。

西蒙把这种比赛称为家具设计师的体育比赛，因为设计师在做设计之前，要冒一定的风险，就像参加一项运动比赛一样，有可能失败，例如，一个长跑运动员不停地奔跑，在这个过程中有可能摔伤了腿，但是当他克服重重困难，终于到达终点的时候，就会感到无比的喜悦。

这绝对是一件试验性的作品，这是西蒙设计的最轻型的椅子之一，这也是西蒙自己最喜欢的作品之一，它可以勾起使用者对童年时候的回忆。

7．New things展览/Design Forum/1992年

"一旦水面静止下来，就需要向水中扔一块石头。"
"这标志着旧事物终结或新事物诞生的开始。"

——西蒙·海科拉，1992年

西蒙有一个习惯，他随身总是带着一个速写本，他喜欢随时把自己的一些想法画下来，时间久了就积累了很多，西蒙很想把它们以展览的形式展示出来。正好有一个和Heinola工艺设计学院合作的机会，这所学校每年为芬兰培养了很多优秀的家具木工技师。西蒙就和学生们一起把这些草稿本上的设计制作了出来，他们之间的合作从那时开始一直延续至今。西蒙回忆说："那是一段非常愉快的合作

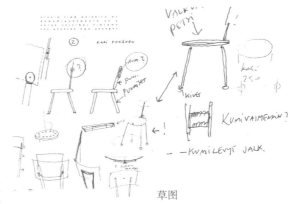

草图

经历，一共是10个学生，每个学生制作两件家具，一共是20件家具，学生们通过制作这些家具提高了自己的制作技能，而我作为设计师则得到了可以进行展览的免费制作的家具，所以那真是一个对双方都有利的交易。"对于西蒙来说这些作品并不算是家具，只是使用真正的材料制作的三维模型而已，这些模型当中有一些又进行了进一步地完善形成了最终的产品，但是，大部分还只是模型。

"当你的设计只处于图纸状态时，你很难看出那究竟是不是一个好的设计，也很难看出哪些地方还需要改进，但是当制作成三维模型之后就很容易看出，有些设计很糟糕，而有些设计经过完善则可以成为很好的产品，这就是我将我这些草图制作成模型的

New things展览

初衷。"当然西蒙也想看看参观者和制作者的反映，结果得到的反馈是相当正面的。这个展览实际上更多的展示的是整体的概念，而不是某个单个的家具，展览非常成功，给人的感觉非常好，就像是一股清新的空气一样，让人神清气爽。

8．Tempera椅/1992年

材料：胶合板，钢材

西蒙十分喜欢使用模拟设计，他说："当你没有设计灵感的时候，你就可以采用模拟这种手法，我的很多设计都是来自对某件物体的模拟。"比如这件**Tempera**椅就是对大众汽车公司生产的甲壳虫汽车的模拟，而侧面的零件也是模拟画家使用的调色板，因为那时候西蒙对于绘画十分着迷，经常利用业余时间画画。

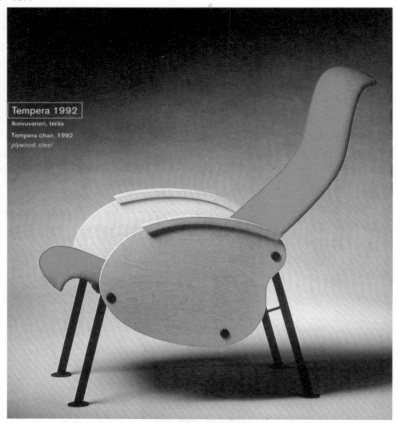

Tempera椅

西蒙也喜欢在设计中加入一些幽默的元素，但是他意识到不能过多地使用幽默，还必须要考虑到现实，不能一味地沉溺其中。荷兰的一些设计非常具有幽默感，一些很优秀，另外一些则只是一味地追求有趣，被称为"joke design"，也就是"玩笑设计"，失去了设计的现实意义，家具没有所必须的功能性，那是西蒙所极力反对的，那种设计对他来说只是垃圾而已，"在我们这个地球上已经盛满了垃圾，不需要再花力气生产那种东西了。"

9. Auvinen 椅/1992年

材料：桦木胶合板

西蒙的模型制作师塞普·奥维尼恩（Seppo Auvinen）想让西蒙为他家的厨房设计一把椅子，西蒙就设计了这把以他的名字来命名的Auvinen椅。

Auvinen椅的结构很特别，与后期设计的Profiili椅相比，这把椅子的构造对于材料和技术的要求更高一些，因为在后腿之间没有任何横撑，椅子两侧的弯曲的横撑是采用桦木胶合板制成的，这是非常特别的一个部分，这两个横撑需要强度非常高才能保证整个椅子的强度。后腿上部的斜面保证了有足够的胶合面积，它和后背是胶合在一起的。椅子两侧的横撑和前后腿之间是胶合加榫接合，这样一来整个椅子就具有足够的强度了。

Auvinen 椅侧面

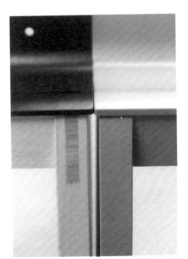

Auvinen 椅局部

这把椅子的制作难度在于座面和靠背部分的桦木胶合板，因为这种胶合板会有一定的伸缩变形，而每一件家具的这个部分伸缩变形的程度不同，这就导致了每一件家具都不同，如果想要大批量生产，则很难保证产品的质量，所以后来为Avarte公司设计Profiili系列椅时，将这种结构进行了修改，修改为更易于加工的形式。

Auvinen 椅

每一个设计师都有自己的设计风格，有的设计师终其一生只设计了一把椅子，库卡波罗就是一个非常好的例子，他设计的椅子，从这一件到上一件之间只有非常细微的差别，这就形成了他自己独特的风格。对于设计师来说，设计一件和你以往设计的作品完全不同的作品是非常困难的，大多数的设计师都是对自己的作品做细微地改变。而且现在的很多家具在设计之前都已经有了很多限制，比如办公椅都要求可以叠放，要想改变太多就更加困难。西蒙说："花几年的时间，在你的作品中做一些细微地改变，不断地完善，这就是设计。"

Auvinen椅也是极简主义风格的很好的例子，非常简洁，但是非常美观，任何一个零件都不能省掉。西蒙喜欢极简主义风格，这也就是他的风格，他不喜欢任何附加的东西，所有的零件都是必须的，为需求而设计。西蒙说："我相信只要你看我设计的家具的结构，就很容易理解它的一切，它是如何构造的，对于消费者来讲如果你的设计有很多秘密，就很难被消费者所接受，也正是因为这个，我将所有的家具结构都暴露在外。"

10. 用废旧材料制成的板凳
（Benches of waste wood）/1995~1999年

"我非常喜欢长凳这种传统家具，它是空间安排最为灵活的一种家具。最初，我尝试着简化长凳所用的材料和结构，而最近，我又加入了边角木料作为装饰元素。"

——西蒙·海科拉，1995年

染色后的木板条

西蒙经常去他的模型制作师塞普·奥维尼恩的工作间，在那里他们一起商讨西蒙的最新设计。有一次，西蒙看见奥维尼恩的工作间外面放置着很多制作家具剩余的废料，奥维尼恩准备把它们烧掉，西蒙觉得很可惜，于是就想将这些废物进行再利用，所以就萌生了设计这些板凳的想法。

实际上西蒙平时在他的速写本上已经画了很多板凳的草图，他就开始拿这些废弃的木材做一些试验，因为这些材料尺寸很小，西蒙就试图先将它们胶合在一起。涂胶之后，在压制的过程中这些材料会产生移动，这样一来就很难控制压制后的板材的形状，只有当你打开压机的时候，结果才会一下子呈现在眼前。西蒙对这一点感到十分欣喜，他很喜欢这种感觉，正因为每一个压制后的板材是不同的，所以制成的板凳也绝对是独一无二的。

西蒙尽量尝试简化长凳的结构，他做了很多有关结构方面的试验，这些板凳有的中间没有任何材料是空的，有的是实的，就是类似胶合板的结构，每一层之间纹理彼此垂直，这样就使得结构更加坚固。在材料方面，西蒙在压制板面的过程中还尝试着加入一些类似水彩的染料，然后进行加压加热，当水蒸发之后，颜色就留在了木材中间，这样一来就可以制成带有颜色的板凳。

西蒙的设计风格非常受芬兰乡村文化的影响，而长凳在芬兰农村是非常常见的一种家具，它简单朴实，西蒙非常喜欢长凳这种传统家具，他认为它是空间安排最为灵活的一种家具。

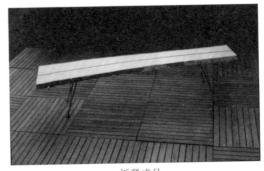

板凳成品

板凳局部

展览中的板凳

　　最近，来自巴西的坎帕纳兄弟 **(Campana Brothers)** 的设计风靡全球，他们的成名之作就是将一块块碎木头，拼接黏合而成一把扶手椅，这把椅子淡色的材质散发出木头的清香，杂乱无序的排列释放出一股强烈的生存味道。这对设计师组合目前在全世界都很有名，而西蒙的设计构思与他们如出一辙，但是却比他们早很多年。西蒙说："虽然我和坎帕纳兄弟从未谋面，我们处于地球的两端，但是我们的基本设计思想是一致的，而且这种独创力量无疑是美丽的，在激情四溢的原创面前，任何精致的模仿都显得黯然失色。"目前这些板凳被芬兰一家著名的家具公司看中，即将投入生产，很快就可以看到更多有关它的信息。

11．Aspen柜/1997年

材料：白杨木，钢材
模型制作： Heikki Paso

"这件橱柜集装饰性和实用性于一身，每一个面都有良好的视觉效果，可以独立放置在空间的中央。橱柜这种家具有多种尺度和组合方式，赋予设计师广泛的选择范围。"

——西蒙·海科拉，1999年

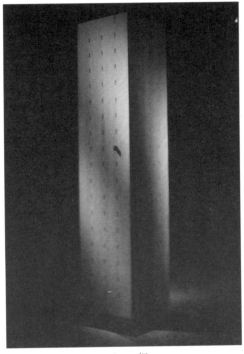

Aspen柜

这个柜子看起来十分简单，但是其结构却十分富有创造性。众所周知，用实木来制作整件柜子最大的问题就是木材的干缩湿涨问题，木材始终是有生命的。解决方法之一就是让家具结构本身可以允许这种微小的变化。

这个橱柜是西蒙为1995年在东京举办的一个展览设计的。这也是和Heinola工艺设计学院的学生合作生产的作品，这件家具或多或少也是试验性的设计，是对于家具构造的一种试验。

这件家具百分百是由实木制成的，正如前面所说，因为木材本身具有干缩湿涨性能，所以必须采用特殊的手法进行构造，这个柜子的任何一个角落都没有进行任何形式的固定，而整个柜子的稳定性完全依靠柜体内部的一些搁板，它们与旁板和背板连接在一起，采用胶合固定方式，从而保证整个框架的稳定性。另外，防止整个柜体产生变形的关键在于，搁板是由小的实木块胶合而成，而它的厚度方向与旁板和背板的高度方向是平行的，都是木材的纵向纹理，因此它们的干缩湿涨程度是相同的，从而可以保证整个柜子的形状不变形。

这个橱柜的前后两面完全一样，因此也可以把它放在屋子中间使用。西蒙还为这个橱柜设计了几种不同的柜脚。这些在柜面板上打的孔是为了通风的需要，因为实木是需要"呼吸"的，另外也是为了可以很方便地安装一些活动的搁板。

草图

12．Bok椅/1988年

材料：桦木胶合板
合作者：伊娃·考考尼恩（Eeva Kokkonen）

"这件作品是我在1988年参加芬兰室内建筑师协会组织的家具设计竞赛时设计的，这个设计挑战性地运用了模压成型技术，使椅子展现出富有弹性的个性形象，它最后成为了获奖作品之一。"

——西蒙·海科拉，1999年

Bok椅

最初，西蒙和他的模型制作师伊娃·考考尼恩（Eeva Kokkonen）想要制作一把每一个零件都是用模压木材制成的椅子，当时在市场上还未有类似的作品出现，所以这绝对算得上是一种创新。

Bok椅的构造十分特别，在椅子的侧面并没有使用横撑将前后腿连接起来，两个后腿之间也完全依靠靠背向后弯曲的部分进行连接固定，这就大大减少了零件的数量，而且加大了椅子的弹性，而这种弹性的获得并不是依靠厚厚的软垫或者胶合板座面本身的弹性，而是由整个结构产生的弹性。西蒙非常喜欢这种试验性的构造，这把椅子依靠强度很高的三角形构造保持整把椅子的稳定性。

实际上，西蒙是从木材的那种分叉的构造中获得灵感的，他发现这种分叉结构的强度是很高的。西蒙非常喜欢从自然界当中寻找设计原型，也许是细小的构造或者是细节上的处理。在模型制作过程中，西蒙和他的模型制作师伊娃·考考尼恩向胶合板中添加了碳元素和玻璃纤维，这样椅子得以顺利通过压力测试。

Bok椅局部

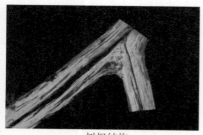

树杈结构

设计完成后，西蒙曾经尝试过找一些家具厂将其投入生产，但是工厂方面的回答是这把椅子太纤细了，家具厂指点西蒙去找生产滑雪器材的制造商来生产这把椅子，但是找到滑雪器材制造商之后，滑雪器材制造商又说自己从未生产过家具，虽然这件家具的基本零件与滑雪板的生产过程很类似，所以他们反过来又让西蒙去找家具厂。很明显，在芬兰还缺乏对这种试验性设计方案的理解。所以很遗憾，Bok椅因此并未投入实际生产。但是西蒙仍然很为这一设计感到骄傲，因为他尝试并且完成了以前从未进行过的设计。

13．Remix椅/Fiskars/2006年

Remix椅

西蒙闲暇时十分喜欢去跳蚤市场逛逛，在那里有很多芬兰五、六十年代的旧家具，有一些作品设计得非常巧妙，但是因为年代久远，这些家具都已经出现了一些问题，有的家具结构松动了，有的则是某些部件破损了，但是很多零部件仍然可以使用。西蒙便萌生了使用这些旧家具的零部件进行再创造的想法。

像Remix这种形式的椅子在芬兰的五十年代非常流行，进行这种再创造的设计步骤通常是这样的：首先，西蒙将这些家具进行拆卸，选取其中一些仍可使用的零部件，然后重新组合，设计制作成新的、更加简化的、极简主义风格的家具。这把椅子就是这种试验性的改造设计的成果。

这把椅子的各个零部件来自不同的设计师，西蒙曾经开玩笑地说："我用这种独特的方法将我的这些设计师同事联系在一起，像这把Remix椅，椅腿来自Asko公司，椅背来自Isku公司，这两个芬兰比较大的家具公司本身一直是竞争对手，但是在我这把椅子中他们"彼此合作"，这也算是一种独特的幽默吧。"

这把Remix椅子的结构相当简单，靠背的圆形木杆端部涂胶，插入座面中，这是芬兰比较传统的实木家具的连接方式，西蒙把原来的家具结构进行了简化，省去了两腿之间的横撑。对于一种家具结构西蒙总是尽力探索其最大的可能性，不断进行变化，从而发现其他的更好的结构形式，这也是对于家具结构的一种试验。

Remix椅系列

这种对于材料的再利用，将材料的价值发挥到最大的可能的设计思想是西蒙近年来的设计作品中一直要传达给大家的，他对于环境的变化十分关注，也感到十分忧虑，这种忧虑渗透进他的设计，他的工作，甚至他的生活。他倡导极简主义的设计，同时也倡导简单的生活，他呼吁人们克服自己的贪欲，不要过度地纵容自己对于物质生活无穷无尽的欲望。

14．Profiili 椅/Avarte公司

"每一个设计师都在探讨着适合于自己的设计创作方式。直接制作模型能够避免设计图中的易犯错误，而且，在图纸上很难描绘物体的实际尺度，最好的设计图纸所描绘的也不过是一幅苍白的图画。相反，一个已经完成的实物模型却很容易被描绘在图纸上。"

——西蒙·海克拉，1985年

Profiili 椅

为企业设计和为自己设计是截然不同的两种过程，通常来讲，如果是为自己做的概念性设计，可能3周就可以完成，设计师可以感到非常满意，并获得一定的成就感。然而，如果是为一个企业做设计，首先需要很长时间在工作室里完成一定的研究工作和前期的一些准备工作，然后到了企业那里，可能还需要花费更长的时间才能投入生产。

西蒙对于这一点深有感触，他说："我有一件设计作品前后花了9年时间，就是那把为阿旺特公司设计的木质profiili椅。"当时阿旺特公司要求西蒙设计一把小型的全木质结构的椅子，在设计这把椅子之前，西蒙已经进行了很多试验性的设计，像Auvinen椅，可以说是Profiili的姊妹椅，尤其是Profiili S和Auvinen有很多相似之处。

Profiili 扶手椅

　　从最初的草图到最终的产品，西蒙不断地进行试验，不断调整模型，调试设备，不断地进行改变，那真的是一个非常漫长的过程。为使椅子看起来更加轻巧，西蒙依靠传统的芬兰手工艺来不断地对造型进行简化，不断减小零件的断面尺寸，这很不容易，因为必须要保证椅子具有足够的强度，尤其是椅子后腿和座面连接的部分，强度要求是最高的，而且零件尺寸过小也难以进行加工。另外在芬兰，如果想要家具达到一定的等级，木质版本和金属版本要达到同等的强度才可以，这就对于木质家具的设计提出了更大的挑战。

放在户外的Profiili 椅

　　西蒙在这把椅子的设计中采用的是端部暴露的榫卯结构，因为这样不仅可以加大胶合面积，增加强度，而且西蒙也十分喜欢这种暴露式的结构，他在很多椅子的结构中都使用这种端面暴露的结构，非常美观，而且这种结构可以让消费者对于结构一目了然，对于椅子产生信任感。西蒙从不试图隐藏什么，包括使用螺钉的方式也是一样，他说："我喜欢将螺钉暴露在外，那是一种展示，不需要将其隐藏起来。"

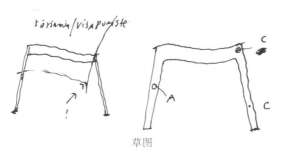

草图

15．Periferia系列家具/1992年

"家具设计是一个缓步推进的过程，在个人设计的情况下，家具设计是由许多细小的步骤组成的。某些过程中的所谓实验性工作与今后的生产并没有什么关系，例如对于生活细节的考虑，结构构思的推敲或视觉概念的提炼等。我对材料与结构之间的对话方式非常好奇，这成为影响我设计风格的主导力量。"

——西蒙·海科拉，1995年

Peripheria是西蒙公司的注册商标，它的本意是"在边缘上面"，这个词在平常的使用时负面的含义更多一些，但是它的起源是非常正面的，具有积极的含义，它来自希腊语，原意是给新鲜的事物更多可能性。比如说当你向河里投入一块石头的时候，就会产生一圈一圈的波纹，然后最外围的那一圈波纹会慢慢消失，所以如果你想一直产生波纹，就必须不断向河里投入石头，这就是它的象征性含义。

Periferia 沙发

当西蒙决定搬离赫尔辛基的时候，他就决定使用这个词作为他的注册商标，他说："我使用这个词，是因为它所具有的积极性的含义，而绝对不是因为它的消极性的含义，我希望我可以不断创造新的事物，产生新的想法，不断地进行试验，以此为商标，我设计了很多新的东西，我并不总是和企业保持着某种联系，但是我却总是拥有我自己的实验室，那就是Peripheria。"事实上西蒙确实做了非常多的试验性设计，和工厂没有任何关系，他依靠自己获得的政府颁发的艺术家奖金来支持这些设计，这样他就可以自由地进行创作，没有任何限制。

这个沙发的设计最初应该也是为了参加一个展览，西蒙的想法是设计一个结构非常简单的沙发，设计沙发不是一件容易的事情。一个好的沙发可以给使用者的身体以很好的支撑，而不是让他陷在其中，那种过软的沙发是西蒙坚决反对的，那是不符合人体工程学的，人体陷在其中实际上并不能得到很好的休息，这件沙发可以放在办公室中使用，可以让人们保持良好的姿态。西蒙只使用了三个部件来制作这件沙发，那就是扶手，靠背和座面，简单而舒适实用。

佩尔缔·奥亚莱尼恩（Pertti Ojalainen）是芬兰非常有名的一个制作沙发的工匠，几乎西蒙所有的椅子的软包都是他做的，他会帮助西蒙解决他在设计时遇到的问题。1993年，瑞典家具公司Klassons决定将这件沙发投入生产，迄今为止已经有15年的历史了，目前仍然在生产，这也就是西蒙所追求的可以保持长久生命力的设计。

Periferia 柜

16．Heinäseiväs椅/1985年

材料：桦木，钢材，丙烯酸树脂

"在创作'Elective Affinities'参展作品时，草叉为我带来了灵感。作为唯一被邀请参加展览的斯堪的纳维亚人，米兰三年展对我来说是一个非常重要的经历。"

——西蒙·海科拉，1985年

Heinäseiväs椅

西蒙在芬兰的乡村长大，小时候就经常看着大人们使用草叉收割地里的干草，几十年过去了，现在，芬兰的农具已经基本上实现了机械化，很多先进的收割工具已经得到了广泛的应用，但在潮湿的夏季，农民们唯一的选择仍然是拖出他们信赖的旧草叉。在西蒙看来，对草叉的开发被过早地中断了。

当他1985年被邀请参加米兰三年展时，他是唯一的一位被邀请的北欧设计师，当时的参赛规则是设计作品必须展示设计师的文化背景，展示其国家的文化精髓，西蒙认为芬兰的文化背景就是乡村文化，农具文化，于是他便想起草叉，他想采用草叉来表现芬兰的乡村文化，于是他将草叉进行简化后设计了这把椅子。

芬兰传统的草叉

这是一个全新的设计，虽然它只是一个创意而并不是为了投入生产，人们第一眼看到它就明白它的创意是来自何物了，座面和靠背使用的是丙烯酸塑料（acrylic），主要是为了衬托椅子的框架，实际上这也不算是一个椅子，只能算是一个"构造"（construction），"装置"（installation），但是这个结构却十分坚固和稳定，不过它也只能算是一个概念性的设计。

田间的草堆

　　芬兰著名的设计评论家塔皮奥·派利爱尼恩（**Tapio Periäinen**）十分喜爱这把椅子，他曾经说："我们可以或许又不可以忽视西蒙·海科拉在作品中所表达出的幽默感，正是这种幽默感使他能够不断涌现出一些有趣的、同时又十分有价值的新的感悟。比如说，他借鉴草叉的形式作为椅子的工业化结构元素，结果这件作品成为米兰三年展中极有新闻价值的作品"。

　　这一设计蕴涵着浓厚的芬兰本地的风格，西蒙有一段绝妙的关于本地化设计和国际化设计的言论，他说："我们芬兰本地有很多种味道十分鲜美的鱼，但是现在我们却还要耗费很多能源来从别的国家进口鱼类，这只是为了满足人们的不同口味的需求，从长远来看，我们的生活品质并没有因此而得到提高，这是非常愚蠢的做法。因为在运输的过程中不仅造成浪费，还有可能污染环境，这种做法必须停止。芬兰有关部门已经警告市民最好不要过多食用波罗的海里的鱼，因为海洋的污染越来越严重，每周最多只能吃一次，这就是我们自己的愚蠢的选择造成的恶果。设计也是一样，我坚决提倡设计本地化，材料本地化，生产本地化，消费本地化，把原材料和产品运来运去的做法，有百害而无一利。我相信十年内会发生很大的改变，大家都会意识到这种问题，逐步实现本地化。"

17. 躺椅/1994年

材料：藤条，钢材，木，胶合板

"长时间以来，我一直想设计一把休息放松时使用的椅子，使人们在传统的扶手椅之外可以有更多的选择。我试图设计过很多种不同的躺椅，我喜欢这种类型的家具，这是超级符合人体工程学的家具类型。"

——西蒙·海科拉

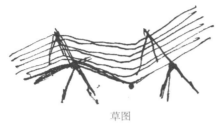

草图

这种躺椅在五十年代的芬兰是非常常见的一种家具，人们经常会把它放在庭院里休闲的时候使用。

西蒙采用了几种不同的材料来制作这把椅子，包括胶合板，木和藤。藤这种材料在芬兰并不多见，需要从印度尼西亚等国家进口。西蒙本人非常喜欢这种材料，他说："和竹子相比我更喜欢藤这种材料，因为它的材质更加柔软，可以非常容易地进行弯曲，加工也更容易一些，触感更柔和，而且藤这种材料很难用机器进行加工，大部分都是手工制成的，我恰恰很喜欢这种用手工制成的家具的感觉。"

藤条制成的躺椅

胶合板制成的躺椅

　　对于躺椅，西蒙对其人体工学特性的研究很入迷。在这个作品中，他仍然以结构的简化和材料的优化为基本设计理念。一开始，他用胶合板制作了一个壳状结构，接着又用藤条制作了一些试验品。躺椅的结构极具挑战性，它既要能够承重又要具有一定的柔韧性。

　　极简主义，乡村朴实的风格是西蒙作品的主要特色。这件躺椅在视觉上，框架与其他部分是分离的，框架采用金属单独制成，而座面和靠背则采用其他木质材料。这件家具非常轻便，使用者可以随意将其移动，而且非常结实，如果某一部件产生损坏，也十分方便修理。

　　西蒙的设计作品非常受他的乡村生活经历的影响，他的童年是在乡村度过，在他的家乡遍布着很多湖泊，西蒙曾经说过："我很喜欢湖泊，而赫尔辛基周围都是海洋，我不喜欢海洋，因为海洋是咸水而湖泊是淡水，淡水与人类的生存关系更加密切，你可以饮用，可以依赖它生存，我们可以在湖泊旁边建桑拿房，我也喜欢四季分明的感觉，从湖泊上你可以看到四季的变化，当它结冰了，你就知道冬天来了，而当它融化了，你就知道春天来了。"对于许多设计师来说，大自然是获得灵感的一个来源，即使有时可能设计师本人也没有意识到，某些设计实际上来源于自然，大自然对于北欧的设计师来说更加重要。

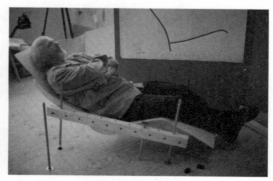

试验家具舒适度的西蒙

18. Kasa柜/2006年

材料：实木

Kasa柜也是一个材料重复利用的设计作品，这个柜子的其中一些部件是旧的，是西蒙从他购买的一些二手家具上拆卸下来的，像这些垂直的部件，可滑动的门。而另一些是西蒙自己设计制作的，像这些水平的搁板。西蒙说："我经常会在路上或者什么地方看见一些别人扔掉的旧木板，只要发现这些东西我就会把它捡回家来，重新设计，再次利用，看见这些破旧的东西重新焕发生命力，我有一种由衷的成就感。"

Kasa 柜正面

关于生态设计、绿色设计，在中国已经说了很多，也有很多人做了很多研究，但是很遗憾真正被设计师贯彻到设计作品中的却并不多见。西蒙认为，倡导生态的设计首先必须避免追随潮流，应该反对那种生命力短暂的设计，设计师应该尽量使用当地的材料，而不是从其他地方运来一些材料。一旦一位设计师开始设计一把椅子或者一件家具，他就担负着对人类和社会的责任感。这件家具一定是用优质的材料制成的，是用高品质的结构构造而制成的，而且其外形可以长久地受到人们的喜爱，这样的家具就有可能世代相传，这才是现在和未来人们聪明的选择。现在有些年轻设计师很喜欢将一些旧的家具进行修理、翻新，这是非常值得鼓励的做法。

西蒙坚决反对使用塑料，包括一些可以循环使用的塑料，他认为，只要是塑料就是从石油中提炼的产品。西蒙的这种生态设计原则也渗透进了他的生活之中，他倡导大家只使用必需品，尽可能减少使用的家具和日用品的数量，而且他身体力行。他说："你可以数一下你每天使用的物品的数量，如果有一样东西，你一个星期都没有使用，那么那件东西一定不是必须的。"

西蒙是一个绝对的环保主义者，他坚守着自己的原则，并且利用一切机会来影响其他人。针对中国人口多、资源相对缺乏的现实情况，他认为，对于中国的设计师来说，更应该时刻坚守这种生态设计原则，努力设计那种优质的、可以长时间保持生命力的作品，而不是用了几年就丢掉的垃圾，那种做法应该坚决禁止，另外还应该设计那种多功能的家具，应该在设计中尽可能地节省材料。他说："中国在过去有很好的家具，设计师可以以其为设计起点，而不是从国外进口一些家具，那绝对违背生态设计原则。"

Kasa 柜

19．Case橱柜（Case Kitchen Cabinet）/ 1989年

材料：钢材，实木
制造商：Greenbox

"这套厨柜是为Mikkeli省生产恒温箱的企业开发的，其特点是研究开发木材运用的新概念。我的设计作品是厨房，不幸的是后来一件作品也没能留下来。"

——西蒙·海科拉

Case橱柜

西蒙想设计一个非常简单实用的厨房家具的想法由来已久，恰巧这个项目是为公司里面的小厨房设计的，他因此也可以实现他的很多想法。

这套厨房家具形式非常紧凑，只有一些必须的柜子，没有任何附加的东西，是极简主义设计的典范，这套家具可以自由地摆放，后来工厂根据这个基本的设计想法又制作了一系列的变体形式。

这套家具可以放置在房间的任何地方或者固定在墙壁上面。西蒙的设计方法是先将其后背板与柜体相连，然后再与墙壁相连，而不是直接将柜体固定在墙壁上面。因为考虑到芬兰人的夏日度假小屋都是用原木直接建成的，那种房子的墙壁不是平整的，是由一个一个的原木组成的，所以很难将柜体直接固定在墙壁上，考虑到这方面的情形，西蒙为其设计了后背板。

在每一年的科隆和米兰家具展中，我们都可以看见很多超级豪华的厨房家具，似乎形成了一种世界潮流，争相追求那种奢侈的家具形式，西蒙对于这种争相炫耀的生活方式十分反感。他说："厨房只不过是一个做饭的空间，并不需要那么大，那是一种浪费，而且现在人们的生活在改变，很多人都是在外面解决吃饭的问题，这就使得厨房的利用率更加降低。我不明白人们为何要这样地浪费空间、浪费资源，这是完全违背生态性的设计原则的。"

他还说："事实上，过度设计就像传染病一样正在这个世界上不断蔓延。我们到一个朋友家做客，会发现他们家的酒杯也被分门别类，喝红葡萄酒的时候用一个，喝白葡萄酒的时候用一个，喝香槟的时候再用另一个，这就是一种典型的过度消费。现在越来越多的人在探讨关于过度设计和过度消费的问题，人们需要充分了解什么是生活中所必须的，我们只需要消费我们所必须的，而不是炫耀财富式的消费或者追随潮流的消费，现在已经有很多人开始这样做了，让我们拭目以待，相信10年之内会有更多的人加入反对这种贪婪的消费方式的行列。"

西蒙坚持极简主义的设计风格，同样坚持极简主义的生活方式。在他上学的时候，他十分喜欢包豪斯的设计风格，他说："我的老师凯·佛兰克非常喜欢包豪斯，他在课堂上给我们讲述包豪斯的课程，他的生活方式也是非常简单，他对我日后的设计和生活带来了深刻的影响。"

20．可调节椅（Adjustable Chair）/1981年

材料：钢管，胶合板

"简洁并且切实有用的东西才是最好的。设计应该体现产品的用途，应使用自然合理而结实的结构并且避免材料浪费。我认为，家具的结构应该是清晰易辨的。"

——西蒙·海科拉，1981年

可调节椅

1981年，西蒙为了测试椅子可以实现不同的座面角度，他使用了大约24~26个不同的螺钉设计制作了可调节椅，这些螺钉可以在不同的方向上被扭曲、拔出和推进，这是一个相当令人惊叹的椅子。设计完成后，西蒙使用非常明亮的、令人愉悦的色彩将其进行涂饰，然后送到了Suomi Muotoilee展览会上，成为了参展作品。

事实上可调节椅的外形与Visio椅很类似，西蒙也设计制作了很多小型的、轻巧的类似Visio椅的扶手椅，它们都是以孔和螺钉为基础进行构造的，这是一个非常不错的设计思路。造型轻巧、简洁，用材纤细，实际上这些基本的设计原则与Reikarauta椅是非常类似的。所以可以说西蒙多年来一直坚持的设计原则在设计Reikarauta椅时已经具备了。

后来因为某种原因，可调节椅的照片被刊登在SAS航班的飞机杂志上面，那个杂志的读者大概有100万。西蒙立即从全世界获得了13个订单，都是来自家具收藏者。

西蒙非常开心有人喜欢他的作品，但是由于他当时设计任务非常繁忙，所以他不得不告诉他们，他一年只能制作一把可调节椅，也许，后来他一把也没有制作完成。西蒙曾经笑说："或许那些人的名单还在某个地方放着。"西蒙自己也十分喜欢可调节椅，他家里的咖啡间里、工作室里，还有很多地方都摆放着这种椅子。

可调节椅的零件

21. Korpilahti椅/1983~1984年

材料：钢管，桦木胶合板

"我设计家具的方式是一个不断演进的试验过程，最后获得的是一件独特的、适合工业化生产的产品。有时这两者之间的差别非常小，而且在某些适宜的社会文脉中，即使是一些不经意的试验作品，也能够有幸成为主流的流行产品。所以说，试验能够成功地开阔视野和启发思维。"

——西蒙·海科拉，1984年

度假别墅

每年夏天，西蒙都会去他位于湖边的别墅度假，除了钓鱼、游泳之外，他总是喜欢制作一些家具模型。有一年夏天，他试图只使用一些手工工具，而不使用任何电动工具来制作一些家具模型，他用木质零件代替金属零件，连接方式也多是采用螺钉连接和胶接，所以这种模型的强度很低，西蒙完全是为了获得一种视觉的效果，他十分喜欢这种试验的方式，在这种试验中重要的是方法而不是结果。

湖边的风景

在制作家具模型时，西蒙总是试图寻求更简单的形式，不断去掉一些不必要的部分。西蒙说："我喜欢家具的漂浮感，喜欢家具似乎可以飞起来的那种感觉，厌恶沉重的、笨拙的、体量过大的家具，包括椅子的软包覆面，我也尽量使用薄的材料，不喜欢厚重的包覆材料。如果可以使用更小一些的断面尺寸，更少一些的零件，而可以达到同样的使用功能和强度，为什么不那样做呢？既可以节省资源，又可以带给家具这种轻盈的感觉。"

对于沙发来说可能必须要使用那种厚重的垫子，但是椅子的舒适性不是依靠这种厚重的软垫来实现的，而是椅子本身的设计是否符合人体工程学。西蒙说："我从Visio椅开始就坚持这种设计原则。"

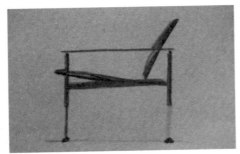

草图

西蒙对于手工制作有很大的偏爱，他说："有些工厂为了提高产品质量，降低生产成本，避免采用任何手工制作，完全采用机器生产，但是我却并不认为手工制作就会降低产品质量，相反手工制作代表着高质量，我认识的很多芬兰的手工艺人，都有着非常好的手艺，他们完全用手工制作的家具具有非常高的质量，我喜欢那种家具。"

在芬兰有非常好的手工艺学校，年轻人也乐意进入这样的学校学习，因为毕业后可以找到很多报酬不错的工作，他们可以为私人盖度假小屋、做室内装修、可以教授别人技术、制作木结构的部件、为设计师制作模型等，但是在芬兰非常优秀的木匠不超过5个，西蒙和他们都保持着很好的合作关系。除了木匠之外，西蒙还了解全芬兰优秀的玻璃匠和铁匠，他花了很大力气建立起这方面的网络。对于这些匠人来说，和西蒙合作也使得他们的技艺得到提高，所以他们也十分喜欢和西蒙合作。

完成图

22. ETC椅/1991~1992年

材料：桦木
助手：Eeva Kokkonen和Kari Virtanen
制造商：Isku公司

ETC椅是西蒙参加芬兰著名的家具公司Isku公司组织的一个设计比赛的作品，是20世纪90年代早期设计的，后来西蒙赢得了这个比赛。

ETC椅草图

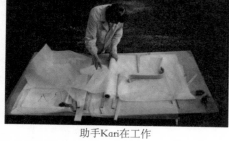

助手Kari在工作

ETC椅的所有零件都是由胶合板和大块的木质零件制成的，座面和靠背都呈波浪形，前后腿的连接方式十分特别，座面向后向上延伸将两个后腿连接在一起，座面向前向下延伸又将两个前腿连接在一起，这种连接方式十分美观，也十分巧妙。为使椅子更加结实，在座面下侧用两个小木块进行加固。前后腿的上部都被加工成圆弧形，不仅使椅子上部从侧面看形成了连续的曲线，而且也形成了一种呼应。

整把椅子十分轻巧，所有的零件都是必须的，没有任何多余的部分，西蒙创造了一种十分特别的构造方式，这也是他在家具的结构上进行不断探索的结果。

Isku是芬兰的一个家族企业，主要制作实木家具，这把椅子获奖后由该公司投入生产。西蒙与芬兰很多家具企业都保持着良好的合作关系，他早些时候经常参加各种设计比赛，而且常常获得各种设计比赛的大奖，但是近些年来，由于经常被邀请担任一些比赛的评委，所以参加比赛的机会也越来越少了，他说他宁愿把机会留给年轻人。

ETC椅

23．Reikäranta椅/1967年

材料：钢管，塑料
合作者：约里奥·威勒海蒙（Yrjö Wiherheimo）

"独特的家具应该有清晰的个性。我喜欢用工业半成品材料来进行设计，如薄板和金属管，这样可以加快产品的生产速度。"

——西蒙·海科拉

"这把椅子更像一个艺术装置，表达了我和西蒙当时对于一把椅子的理解，也许这样的设计要投入生产对于当时的企业来说还有一定的困难，但是这把椅子所体现出的设计原则你可以在我们之后的设计中发现。"

——约里奥·威勒海蒙

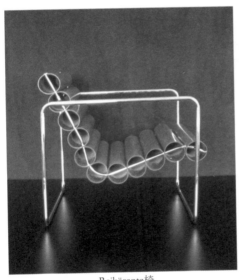

Reikäranta椅

1967年，西蒙和威勒海蒙刚从赫尔辛基艺术与设计大学（TAIK）毕业，他们一起参加了阿斯科（Asko）公司举办的家具设计竞赛，设计竞赛的名字是"The Great Asko Chair Design Competition"。评选委员会由当时非常有名的一些设计师组成，像丹麦的阿尼·雅各布森（Arne Jacobson）、英国的罗宾·戴（Robin Day）、芬兰的塔皮奥·威卡拉（Tapio Wikkala）和尤汉尼·帕拉斯玛（Juhani Pallasmaa），毫无疑问他们对于好的设计有敏锐的判断能力。

设计师在设计这件作品时试图使其结构尽量清晰，基本思路就是使用一组金属构件加上一些塑料软管制成一把扶手椅，模型制作师奥古斯提（Aukusti）帮助他们制造了家具的金属部分，西蒙回忆说："奥古斯提有一些工具和设备可以将金属管弯曲，他还有弓锯和进行穿孔的设备，这样一来我们还需要的就是用来锯切塑料管的锯和一个钻了。"他们试图想不使用传统的软垫来设计一把扶手椅，这些软管可以帮助他们实现这个愿望。他们用弯曲的钢管穿过这些塑料软管，将它们紧紧地连接在一起，这些聚氨酯泡沫软管不仅柔软而且具有弹性，这种淡紫红色正是西蒙他们十分喜欢的颜色。这把Reikärauta椅获得了那次比赛的第一名。

这件家具现在看起来似乎有些粗糙，但是它反映了西蒙和威勒海蒙做设计的一些基本想法，即使到今天他们仍然坚持这些想法。

　　这是西蒙和威勒海蒙合作的第一件家具作品，谈起和威勒海蒙的合作，西蒙说："我的感受是与另外一个人合作完成一项设计要比一个人单独完成效率高得多，因为一个人常常会在设计的过程中被某一个问题卡住，可能是几天或者是几个星期，而如果是两个人一起完成，你会向对方询问意见，他可能会很快给出答案，这样一问一答设计很快就会完成。当然你和合作者之间必须互相理解，接受对方的设计观点，可能还是某种互补的关系。例如我和威勒海蒙的设计风格就是有差异的，我的作品更多地受到芬兰手工艺的影响，他的设计更加国际化，所以我们在一起合作的时候这种风格上的差异可以互相补充。"

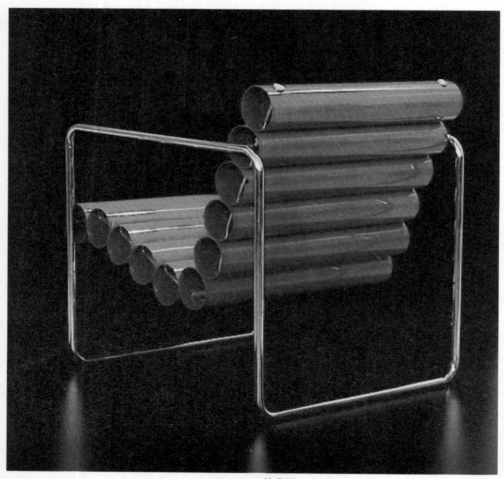

*Reikäranta*椅背面

24. Visio椅/1979~1980年

材料：钢材，桦木胶合板
合作者：约里奥·威勒海蒙（Yrjö Wiherheimo）
制造商：Economic家具股份有限公司

Visio椅

"这更像一件乐器而不是一件坐具。"
——西蒙·海科拉

"对我来说，椅座下面的部分也很重要，把椅子翻转过来，如果椅座下面的设计跟暴露在上面的一样完美，那可以说这是一个好的设计。"
——约里奥·威勒海蒙

Visio椅是西蒙和威勒海蒙为刚创立不久的Vivero公司设计的，他们当时的想法就是用最简单的部件——平板，用最简单的连接方法——焊接和螺钉连接，设计一件舒适的家具。他们努力除去一切不必要的零件和复杂的造型，努力使这把椅子符合生态设计原则。

西蒙和威勒海蒙对于那种使用厚厚的软垫的椅子感到厌烦，他们想寻找其他的方法来产生这种弹性，于是他们就使用了这种弹簧结构，在家具上面使用这种弹簧是为了代替软垫的使用，他们发现由弹簧支撑的胶合板座面坐着非常舒服。这把椅子的生产技术十分简单，制作Visio椅所需要的全部工具就是一个用来锯切板材的圆锯和一个用来弯曲制作框架的钢材的工具。

西蒙回忆说："我记得，1979年的夏天我和威勒海蒙决定去我在Korpilahti湖边的别墅度假，主要是因为那里有一个很棒的桑拿房，我们将一堆胶合板散落在地上，开始在上面绘制我们的Visio椅的草图，基本的设计想法很快就变得清晰了起来，它和Verde椅有着基本相同的零部件——塑料的带扣、弹簧装置，然后我们就去找模型制作师奥古斯提，我们一起制作模型。"

这把椅子还有一个非常好的小装置赋予其更加优雅的外表，那就是这个来自日本的小轮子，那些奇特的小轮子提升了这把椅子的形象，使之从一堆由钢管组成的零部件变成了一把更加精制的椅子，很多人因此而被它吸引。西蒙说："那些小轮子就像一个美丽女人的美丽的腿和脚一样。其中有一些椅子的腿的端部我们采用的是金属帽，但是效果完全不同，应该说效果没有安放轮子的好。"

这把椅子对于西蒙和威勒海蒙来说，都是一件非常重要的家具。1980年秋天，他们带着这件家具参加了米兰展览会，反响很好，很多人都认为弹簧装置用得恰到好处。意大利设计大师阿莱桑德罗·曼迪尼（Alessandro Mendini）非常喜欢这把椅子，他在米兰展上看到了这把Visio椅，后来还专程来到芬兰，就是为了可以更仔细地看一下这些椅子。这件作品还被世界上一些著名的博物馆收藏，例如英国的维多利亚—阿尔伯特博物馆（The Victoria and Albert Museum）、芬兰的罗尔斯卡（Röhrska）博物馆和阿尔托（Aalto）博物馆。

25. Flok椅／1992年；Adam椅／1999年；EVA椅／1999年；Moses椅／2007年

材料：经过压制处理的桦木，钢材
客户及制造商：瑞典克莱森斯家具公司
合作者：约里奥·威勒海蒙（Yrjö Wiherheimo）

"我意识到家具设计总是和发现一种工艺解决方案或者一个小的细节有关，可能开始于一种铰链或者其他的东西，有时这是一种雪球效应。"

——西蒙· 海科拉

"开发一件新的产品是一个非常有意思的事情——同事们会说什么呢，销售人员看到它们的时候是否会眼前一亮呢……让我们期待他们会那样吧。"

——约里奥· 威勒海蒙

这4把椅子都是西蒙和威勒海蒙为瑞典家具公司克莱森斯（Klaessons）设计的，设计时间从1992年一直到2007年，前后有15年之久，这几件作品是西蒙和威勒海蒙坚持"设计可以长时间使用的作品，而不受任何潮流的影响"的典型代表作品。

1989年，威勒海蒙接到一个来自瑞典的设计师同事——奥勒·安德森（Olle Anderson）的电话，他在一个叫做克莱森斯（Klaessons）的很老的瑞典家具厂做设计师已经很久了，他和他的经理正在考虑建立一个北欧设计组，目前已有三位设计师，想要邀请他们两人加入。他们二人愉快地接受了邀请。

西蒙回忆说："我们与克莱森斯（Klaessons）的合作非常美妙，这是一个有着100多年历史的老工厂，他们想要在产品观念上做巨大的改变。我们可以自由地进行设计，可以有非常新的观点，完全不需要考虑以前的生产工艺。这是一个和以前我们看见的任何东西都不同的一个计划。"这家公司给了西蒙他们非常多的机会，但是却并不需要负什么太大的责任，而唯一的要求就是设计出高品质的家具。西蒙他们得到了很多资金上的支持，不只是有关设计方面的，而且还有生产规划方面的，这个项目研究了很多有关需求和设计的可能性。他们采用不同厚度的单板结构进行试验，还有三维的弯曲造型、热压、高压和铝铸造部件。

1992年，也就是3年之后，Flok椅设计完成。这把椅子外形十分简洁，扶手是采用铝制成的，铸铝工艺可以使得这种自由曲线造型的扶手成为可能，而且可以采用非常小的尺寸但是强度却非常高，金属框架，座面和靠背固定在金属框架上，扶手呈漂浮状态，

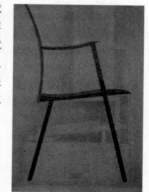

Flok椅草图

不与靠背相连，这样就不会对靠背的弹性产生限制，从而增加椅子的舒适性。靠背采用模压桦木材料制成，且各部位厚度不同，越往下部和框架连接的部分越厚，越往上端越薄，这样不仅可以保证强度而且使家具的外观非常轻盈。

Flok椅销售情况非常好，到目前为止，这把椅子已经卖了几百万把。从1992年到现在，这把椅子仍然在生产，从某种程度上来说，这就是长久的高品质的设计的典范。

首次合作非常成功，克莱森斯（Klaessons）公司希望西蒙和威勒海蒙可以采用与Flok椅相同的设计理念，设计一把价格便宜的，可以在很多公共场合使用的椅子。1999年，Adam椅面世了。从外形上可以发现，Adam椅与Flok椅的区别是，Flok椅的座面和靠背是分开的，而Adam椅的座面和靠背则是一个整体，其表面覆盖着毡制品，这个毡制

Flok椅

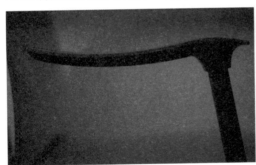

Flok椅局部

无扶手和有扶手的Flok椅

品是在压制单板的同时压制完成的，这样一来就节省了加工程序，扶手的下面是用塑料制成的，比Flok椅的扶手更加柔软。当使用者向后靠的时候Adam椅的靠背非常具有弹性，非常舒适，这把椅子销售得非常好，许多学校都会购买这件家具。Adam椅的堆叠性能也非常好。

Adam椅

无扶手和有扶手的Adam椅

Eva 椅

1999年，他们设计Eva椅，这是加了扶手的Adam椅，而且它比较特别的一点是，扶手是与椅子的后腿相连的，这一点也与Flok椅的构造有所不同。之所以给这把椅子取名Eva椅，是因为Eva在芬兰是一个女孩的名字，而这把椅子的外形与Adam椅相比更加具有女性化的气质。

西蒙和威勒海蒙完成的另外一把椅子，就是Moses椅，这把椅子延续了他们多年以来的设计风格。这几把椅子从外形来看，似乎非常接近，关于这一点，西蒙解释说："当我开始一项设计的时候，我一般不会去想我以前完成的设计，一个新的设计就是一个新的起点，我可能会使用过去使用过的一些细节，但是绝对会有一些新的东西，当然也不会努力避免重复，因为有时我会有这样一种感觉，好像我一直在设计一把椅子，只是项目不同，椅子的差异并不大，可能只有细小的改变。"

Moses 椅

Moses 椅侧面

26. 天文馆椅/1989年

材　料： 钢材，桦木胶合板
制造商： Asko公司
客　户： Heureka科学中心
合作者： 约里奥·威勒海蒙（Yrjö Wiherheimo）

"我们都欣赏细节的价值，但是今天的媒体不会关注在一件家具上你使用的是黑色的、黄色的、或者其他什么颜色的螺钉。但是正是这种细节，我发现是工作中最有意思的部分。"

——西蒙·海科拉

"我认为每个人遵循自己选择的路，而且创造出好的作品就是一个英雄，就算是变成普通人也没有什么关系，这是一个宽阔的舞台，每个人都可以表演一个重要的部分。"

——约里奥·威勒海蒙

天文馆椅是为Heureka科学中心的天文馆设计的椅子。Heureka科学中心的两位建筑师米柯·海凯宁（Mikko Heikinen）和马库·柯默宁（Markku Komonen）邀请西蒙和威勒海蒙为中心设计一种用模铸技术制作的特殊家具。

天文馆椅

为天文馆设计座椅是一项有趣而极富挑战性的工作。在当时，对于天文馆里使用的椅子没有什么资料可供参考。由于建筑师在设计这座建筑的时候，将两排椅子之间的距离设计得过小，而科学中心的负责人又不想减少椅子的排数，这样一来用来排放座位的空间十分狭小，这令西蒙他们头疼不已。

而天文馆椅又是一种比较特殊的椅子，因为在天文馆里，人们需要望向天花板，欣赏″天空″中美妙的星星，椅子要适应人们的这种姿势，那就需要椅子可以向后旋转，然后固定在一个角度上面。在设计之前西蒙和他的模型制作师做了很多试验，研究椅座后背向后倾斜的角度，怎样可以让使用者在向后倾斜时仍然可以比较放松，而且椅子的尺寸既要适合成年人还要适合少年儿童。最后西蒙他们决定设计一种结构很简单的椅子单元，用铸造成形的桦木胶合板制作，可以配合天文馆的倾斜机械装置。西蒙还在靠背上设计了颈部的靠枕，靠枕的高度可以调节。座面和靠背上的软包材料也尽可能地设计得薄一些，以保持椅子的轻巧感。

因为排间距离有限，所以西蒙他们当时只能将椅子的深度减小，它比一般的会堂椅的座面深度要小，大约在30mm，但是当时考虑到，参观者一般在里面不会坐很长时间，大概是半个多小时左右，而且当坐者向后仰望向天空的时候，椅子后背在弹簧装置的作用下向后倾斜，这样坐者的重心就会有一部分转移到靠背上面，后背则变得比座面更加重要，座面的深度也就不那么重要了。椅子使用的弹簧装置是办公椅中经常使用的非常普通的弹簧装置。

西蒙不喜欢有沉重感的设计，即使是设计这种会堂椅，他也不会使用厚厚的软垫，他设计的家具作品都十分轻巧，虽不使用厚重的软垫，但是却仍然十分舒适。

卡罗拉·萨赫伊在展示图纸

● 西蒙的相关采访

● 对西蒙的助手
卡罗拉·萨赫伊（Karola Sahi）的专访

卡罗拉·萨赫伊（Karola Sahi）是一位建筑师，今年43岁，她担任西蒙的助手多年，同时拥有自己的设计工作室，她目前是赫尔辛基艺术与设计大学木材工作室的负责人。

卡罗拉结识西蒙是在赫尔辛基艺术与设计大学（TAIK）学习家具设计的时候，西蒙是她的老师，那是1987年。后来她又去坦佩雷理工大学学习建筑，并在那里获得了硕士学位。她毕业那一年是1993年，芬兰正遭遇严重的经济衰退。有一天，西蒙打电话给她，问她是否愿意到他的工作室工作，她欣然答应，他们之间的合作就此开始。卡罗拉回忆说："我到他的工作室工作后，做的第一个项目就是邮

西蒙多年前绘制的图纸

政博物馆的室内设计，那是一个很大的项目，有许多细节问题需要解决，我们当时绘制了很多1:1的细部图，因为那时候电脑绘图还不是非常普及，我们都是手工画图的，但是我觉得这种经历非常美妙，让你对每个细节了如指掌，从中学习到了很多，包括解决细节和绘图的技能，像螺钉孔的宽度和螺钉的长度这些细节。现在大家做这种室内设计项目的时候，大部分都是在使用以前做过的项目中的细节的解决方法，而且是不断地重复使用，实际上这是一件令人惭愧的事情。"

之后她又和西蒙一起做了一些室内设计和展览设计项目，包括阿尔托博物馆的展览设计等。卡罗拉说："西蒙是一个对于自己的观点非常坚持的一个人，西蒙之所以选择和我一起工作，更多地是因为我有建筑师的背景，所以在工作中他会听取我从建筑方面进行分析的一些观点。我们工作时很多想法都是在喝咖啡的时候想出来的，当一杯咖啡喝完的时候，很多难题和细节问题也解决了，那种感觉非常

作者和卡罗拉·萨赫伊

好，工作气氛非常轻松。西蒙是一个非常具有创造力的人，他的很多解决问题的方法都是人们意料之外的，他可以在细节方面想到一些全新的解决方案。我们一起做展览设计的时候，我们花非常多的时间来思考，起初我会为我们能否在规定时间之前完成感到焦虑，后来当我了解了西蒙的工作方法之后我就不着急了，因为他认为在没有考虑成熟之前不应该急于开始做，那样只会导致失败的设计，我们应该在思考和讨论中将所有的问题和细节都一一解决，这样子再开始做的时候，不但方向正确而且效率非常高，所以我们总是能够在规定时间之前完成我们的设计任务。现在我在做自己的设计的时候，也会采用同样的工作方法。"

关于西蒙的设计理念和设计风格，卡罗拉也十分赞赏，她说："西蒙的设计既富有感性化的色彩，又是理性化思维的结果。西蒙非常喜欢木材，也非常擅长使用木材，他自己有非常好的木匠为他制作一些家具模型，在他的设计中你可以清晰地看到他喜欢什么、厌恶什么，但是同时他的作品功能性极强，结构极其清晰，而且尽可能节省地使用材料，包括一个小小的螺钉。西蒙认为，为了固定一个部件而需要使用螺钉的时候，使用两个不够，因为会

产生扭曲，使用4个，则过多是一种浪费，所以3个刚刚好。从这个小的细节的处理上，也可以看到他对于材料的节省。"卡罗拉与西蒙之间的合作非常愉快，意见很少出现分歧，我想这是基于他们之间彼此非常了解。

谈到设计的本地化和国际化问题，卡罗拉很有感触地说："西蒙曾经说过，世界上最著名的椅子不超过10把，像托耐特、柯布西耶、密斯、伊姆斯和阿尔托等设计的椅子，这些椅子受到全世界人们的喜爱，非常国际化，这就已经足够了，其余的各个国家的设计师不需要一定要像这些设计大师一样设计出全世界人们喜爱的椅子，他们只需要为本国家、本地区的人们服务，所以家具销售商也就没有必要从芬兰把椅子运到遥远的东方国家，那纯粹是一种浪费。西蒙本身就是一个非常本地化的设计师，他曾经搞过一个展览，名字就叫做'本地的设计'，可见他对于设计本地化思想的坚持。我觉得这种本地化的设计思想对于

桑拿中的西蒙

保护每个国家各自的文化非常重要，设计师要想其他国家的人喜欢自己的设计，必然会在作品中进行一些妥协，追随一些潮流，最终会丧失一些重要的东西。"

西蒙工作间一角

但是近10年来，芬兰设计的国际化趋势十分明显，很多以前和西蒙怀有同样设计理想的人们，也都纷纷走上了国际化设计的道路，现在还像西蒙这样坚持本地化设计、坚持极简主义设计的设计师已经越来越少了，现在的国际潮流是使用更多地装饰，使用曲线更多，而不是西蒙坚持的多使用直线，坚决摒弃装饰的设计路线了。

西蒙是一个非常独特的设计师，一些设计师认为工作就是工作，生活就是生活，他们在工作中坚持的一些信念只局限于工作中，而西蒙却不是这样，众所周知他所坚持的设计原则是极简主义原则，反对对于材料的伪装，倡导生态性的设计，生活中他也坚持这样的原则。卡罗拉介绍说："西蒙的家就是一个极简主义的范本，没有多余的装饰，家具也只有一些必需品，甚至都没有沙发，他倡导一物多用，反对不停地购买新的生活用品，对于贪婪地生活方式极其反感。而且他利用一切机会向公众宣传他的观念，在北欧各个国家，西蒙都是一个名人。在目

前这样一个到处充斥着狂热的消费者的时代，他的观点就更显得与众不同。他从不跟随潮流，对于自己坚持的信念从不会因别人的批评而改变。西蒙经常到北欧其他国家的大学里讲学，宣传自己的设计观点，宣传他的可持续设计、生态性设计、极简主义设计的观点，他也因为他自己在设计方面的某些非常尖锐的、独特的观点而在北欧设计界闻名。"

年轻时的西蒙与朋友在一起

西蒙有各个年龄段的朋友，包括和他同年龄的设计师，但是他更多的朋友是他的学生，非常多的年轻设计师，他喜欢和年轻人在一起，因为他也会受他们感染而充满活力，而且可以了解年轻人的思想和最新的设计动向。卡罗拉说："西蒙是一个非常喜欢交流的人，尤其喜欢和他志同道合的设计师朋友交流设计上的想法，阿尔托学会从1994年开始，每三年举办一次建筑和设计国际研讨会，有关设计方面的主讲人都是由西蒙邀请，他也是会议的主要组织者之一，他自己也因此结识了非常多的来自世界各地的有才华的设计师，他待人十分真诚，他开朗的性格也使得来自各国的设计师愿意亲近他，并最终和他成为非常亲密的朋友。比如说著名的设计师加斯泊·莫里森（**Jassper Morrison**），他有一年被邀请做一次设计论坛的主讲人，后来他成为了西蒙的好朋友。比利时著名设计师玛尔汀·凡·塞沃尔恩（**Maarten Van Severen**）也是西

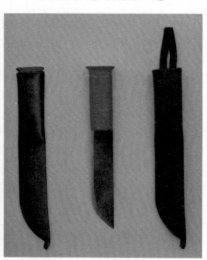

西蒙设计的刀具

蒙非常好的朋友，他是一个非常有才华的设计师，他们相识是在2004年，西蒙邀请他来芬兰参加阿尔瓦·阿尔托学会组织的建筑和设计国际研讨会，并担任主讲人之一。他们两个的设计语言非常相近——极简主义，而且两个人都极具幽默感，因而相谈甚欢。研讨会后，西蒙又邀请他去菲斯卡村（**Fiskas village**）参加一个设计活动，我当时也在那里，那一周我们过得十分愉快，白天我们和学生一起做设计模型，晚上就在一起喝酒、聊天、唱歌。但是非常不幸的是，他回比利时不久就检查出得了肺癌，第二年就去世了，当时他才48岁。西蒙在他病重期间，专门去比利时探望他，后来一本介绍他的设计作品的书出版了，西蒙还专门写了一篇文章讲述自己和玛尔汀的友谊。"

卡罗拉还说："每一年的米兰家具展，西蒙都会去，一是为了看一些家具展览，另一个也是为了见来自世界各地的设计师朋友。他的这种性格在芬兰人中是不多见了，大部分的芬兰人性格比较内向，喜欢独处，不太容易成为朋友，但是西蒙是一个例外，我想这也给他的职业发展带来了很多好处。"

• 对西蒙的好友兼助手
拜卡·哈勒尼（**Pekka Harni**）的专访

拜卡·哈勒尼（**Pekka Harni**）和西蒙相识已经有30多年了，他们第一次见面是在1980年，那时拜卡还在赫尔辛基艺术与设计大学（**TAIK**）上学，西蒙当时是老师，在一次学校组织的春季展览上面，他第一次见到西蒙，那时候拜卡才25岁。同年，拜卡开始在西蒙的工作室里工作，作西蒙的助手，他们一起设计了"沙里宁在美国"的展览，拜卡回忆说："那是一个非常大型的而且成功的展览，在芬兰设计师博物馆，是关于沙里宁父子在美国的成就的展览'沙里宁和埃罗·沙里宁'。我们花了一整个夏天来做这个项目，我帮助西蒙寻找展品，挑选其中一些进行展览，那是一个给我留下深刻影响的设计。"

作者和拜卡·哈勒尼

当时在芬兰作展览设计的人，除了学习室内设计和家具设计的人之外，还有一些学习图形设计的设计师和一些建筑师也偶尔会做展览设计，但是西蒙当时仍然获得了很多展览组织者的青睐，他经常是一个设计项目接着一个设计项目，尤其是有关阿尔瓦·阿尔托博物馆的展览设计几乎都是由西蒙完成。1985年，西蒙被邀请在米兰三年展上展示自己的作品，当时同时获得邀请的还有很多在意大利已经非常有名气的设计师，以及一些日本设计师，拜卡帮助西蒙做那个展览的设计，展览获得了很大的成功，这次展览也为西蒙赢得了国际上的声誉。拜卡说："我想他是芬兰最好的展览设计师之一，我不知道谁还比他更好一些，他的展览总是极简主义的风格，非常简单的方形的构造。我为可以成为他的助手，和他一起工作感到十分幸运。"

西蒙对于木材十分喜爱，他的展览设计主要材料就是木材，西蒙使用木材的方法更加接近于自然，他保持了木材本身的很多特性，没有进行太多的破坏。拜卡说："西蒙对于木材表面的处理方法十分特别，我印象特别深刻的是我们曾经在2001年一起做过一个名为'skin and soul"的展览，我们使用的仍然是木材，但是西蒙采用一种化学药剂将木材处理出灰色，这个想法非常有趣，你想展览的题目是木材的精髓，他却将木材的精髓给处理掉了，正好产生了一种奇妙的效果，我对于他的这些非常具有创造性的设计手法赞叹不已。"

西蒙是一个简单直接的人，他的设计也和他的人一样——简单直接，拜卡说："我记得有一次我在工作室里，用草图来画下自己

西蒙十分享受这种劳动

的一些想法，用了很多曲线，这时西蒙走过来将那些曲线都改成了直线，然后满意地说，这样就更好了。他喜欢简单的东西，不喜欢复杂的东西，我从他的这种设计思想中学到了很多东西。使用当地的原材料，使用当地的一些传统技术，从某种程度上来说，他的设计思想是凯·佛兰克（Kaj Franck）设计思想的延续，同时他也受到库卡波罗的很多影响，芬兰的家具设计师大都毕业于库卡波罗所在的这所学校。这种芬兰风格的设计，如果芬兰的设计师不传承下来，那么可能世界上就不会有这种风格的设计了，就消失了，所以芬兰的家具设计师有责任将其传承下来。"

拜卡现在已经有了自己的设计工作室，但是谈起西蒙对他的影响仍然深有感触，他说："西蒙是一个思维开放的人，我觉得看他工作是一件非常有乐趣的事情，他将一个设计逐渐进行完善，但是总是不是很满意，每一次还在进行细微的调整，他对待自己的设计非常认真，每一个看他工作的人都会学习到很多。"

西蒙对于现代社会的人们对物质的贪婪十分反感，他进行了一个调查，调查人们最需要的日常用品，然后进行这些日常用品的设计，并在设计博物馆进行展出，用来宣传他的极简主义的设计思想和生活方式。拜卡说："这件事情在当时引起轰动，记得当时芬兰另外一位设计师斯蒂芬·林德弗斯（Stefen Lindfors）也在设计博物馆进行作品展览，他对我说，你看了西蒙的展览了吗？真的是非常不错的展览。你要知道，斯蒂芬一般是很少夸奖别人的，所以他的评价给我留下了深刻的印象。"

西蒙在全芬兰有很好的网络，全芬兰优秀的木匠他都熟识，而且和他们保持着非常好的关系，这对于他的设计非常重要，他的其中一位模型制作师就是曾经为凯·佛兰克（Kaj

Franck）做模型的制作师，手艺很高，他的那个有关生活必须品的展览就都是由这些优秀的工匠制作完成的。拜卡说："西蒙经常在芬兰四处旅行，和这些工匠见面，讨论他的想法。我想现在在芬兰，没有多少个像西蒙这样的设计师还和工匠们保持着很好的合作关系，这些工匠们对于木材有很深刻的了解，非常专业，可以解决设计师本人解决不了的问题，西蒙和这些木匠们一起进行木材的试验，探索可以充分利用木材特性的设计，并且一起制作完成这些设计，这是一个非常好的合作模式。"

拜卡最后总结到："我想西蒙的成就是多方面的，不仅在家具设计、展览设计方面，还包括在木材的使用、芬兰当地文化的保护方面和芬兰的家具教育方面，而且这多个方面的贡献是交织在一起的，不可分割。"

西蒙的学生在制作模型

在和拜卡聊天的过程中，我发现他的很多思想深受西蒙的影响。他的妻子在烤三文鱼，一直盯着手机看时间，我笑说你们应该买一个定时器，拜卡说："我们努力不买新的东西，如果已有的东西可以履行这种功能，就没有必要买新的东西。"他在做晚饭时一直向我讲述以前他祖母在夏日度假小屋中使用的传统炉子，用木柴加热，他说那种炉子做出的饭更香，可是现在我们已经丢失了很多传统。对于传统的眷恋，对于现代人的贪婪的反感，所有这些都和西蒙的思想如出一辙。

后 记

    2007年冬天的一个傍晚，我在经过近10个小时的长途飞行之后来到向往已久的芬兰首都赫尔辛基，我站在租住的公寓门口等待为我开门的朋友，天气很冷，冻得瑟瑟发抖，我很好奇地打量过往的行人和周围的建筑，这是我想象中的城市吗？是又好像不是。我有点恍惚，我真的到了我梦想的地方了吗？当明天太阳升起的时候，一段新鲜而又令人期待的生活就要开始了！

    从读研究生时期开始，我就开始对北欧和北欧家具产生兴趣，我收集了很多有关北欧和北欧家具的资料，梦想着有朝一日可以真的到那里学习和生活。2007年，我成了幸运儿，作为青年骨干教师我获得了一年作访问学者的资格，我毫不犹豫地选择了芬兰，选择了赫尔辛基艺术与设计大学，这所在欧洲赫赫有名的设计院校。初到芬兰，我对一切都感到新鲜，这所学校的设计和艺术氛围十分浓厚，在导师Pekka Korvenmaa教授的帮助下，我开始约见芬兰设计界的一些人士，在接下来的几个月里我见到了很多著名的家具设计师、设计协会的负责人、设计教授和设计公司的负责人，我获得了很多非常珍贵的资料，我萌生了一个想法，就是写一本书，来向国内的读者介绍一些非常经典的芬兰家具设计作品。我将这个想法告诉了方海教授，他很赞同，建议我选取几位不同时期的具有代表意义的设计师、对他们的经典设计进行分析。后来经过多次和方海教授、Pekka Korvenmaa教授讨论，我们决定选取Ilmari Tapiovaara、Yrjö Kukkapuro、Yrjö Wiherheimo和Simo Heikkila这四位设计师。他们是芬兰各个时期的代表人物，除了Ilmari Tapiovaara之外，其他三位设计师都还健在，这就为我的写作带来了很多便利。

    设计作品就是设计师的语言，我的初衷是用设计作品说话，深度解析这些设计作品的方方面面，包括很多细节，中国的设计缺少的就是细节，可是我如何获得这些真实的详实的资料呢，唯一的办法就是采访设计师，我在此要非常感谢Yrjö Kukkapuro、Yrjö Wiherheimo、Simo Heikkila这三位设计大师，他们虽然声名显赫，而且日常工作非常忙碌，但是对于我这样一位普通的来自中国的访问学者的采访要求却非常配合。他们的做人处事态度和他们的设计一样对我产生了深刻的影响。

    这三位设计师各有特色，Yrjö Kukkapuro先生说话很轻、很慢，每句话好像都经过了深思熟虑，他很谦虚，但是我却能感受到他对家具设计的热情，我现在还能想起他在讲述自己获得设计灵感的时候眼睛里闪烁着激动的光芒，他是目前芬兰最多产、最著名的家具设计大师。可是在他的50周年设计展上，他倚靠在一根柱子上，就像一个很普通的老者，他在和我的谈话中多次提到他的老师Ilmari Tapiovaara，却从未谈论自己的成就。Yrjö Wiherheimo先生看似非常沉默，但实际上讲起他的设计却是滔滔不绝，我还清晰地记得我第一次踩着石子铺的小路经过他工作室外面的围廊的时候，心里忐忑不安，耳边却传来了优美的音乐声，顿时觉得轻松了很多，他的工作室很整洁、很温馨，在这里和他谈话，真的是一种享受，每次结束采访的时候，我都盼着下次采访能快点来到。Simo Heikkila是一个很幽默的人，和他谈话很轻松，他经常会给我讲很多他设计的小故事，他也很尖锐，对于他反对的东西从不会保持沉默，我们的谈话都是在他的办公室进行，他经常要在谈话中间出去处理一些学校的事情，学生们很喜欢他，因为他就像一位朋友。Ilmari Tapiovaara先生已经去世，我的导师Pekka Korvenmaa教授为我推荐了他的儿子Timo Tapiovaara，他住在一个离赫尔辛基一个小时车程的一个小镇上，他曾经也是一位建筑和室内设计师，现已退休，我去找他的时候，他非常热情，为我讲述了非常多他父亲的往事和他父亲的设计作品。

　　这本书历经三年时间终于完成，心中生出无限感慨，我要感谢的人还很多。我要感谢我的导师Pekka Korvenmaa教授，在每次研究受阻的时候，都是他为我出谋划策，在刚到芬兰那段日子里，是他帮助我克服了很多工作和生活中的困难，我现在很清晰地记得他对我说，芬兰的天气不好，很抱歉。我非常感谢他的关心和帮助，是他帮助我确定了研究的方向，并不断指引我在正确的路途上前进；我要感谢清华美院周浩明教授，他无私奉献出了他的研究成果，并在我写书的过程中给了很多建议；感谢赫尔辛基设计博物馆的资料室负责人Ebba，她帮助我找到了很多有关Ilmari Tapiovaara先生的早期设计资料；感谢赫尔辛基艺术与设计大学教师Martin Relander，他为我介绍了很多有关Yrjö Wiherheimo设计作品的一些背景资料；感谢AERO公司的Antti Tokola，他带我参观了很多Ilmari Tapiovaara先生的设计作品，让我获得了很多宝贵的资料；感谢VIVERO公司的Matti Nyman，他为我介绍了很多VIVERO公司的历史和Yrjö Wiherheimo先生的很多故事；另外还要感谢Paula Salonen，Arihiro Miyake，Maria Riekkinen，Pekka Harni，Karola Sahi和Ilkka Suppanen，没有他们的帮助，我也很难顺利完成这本书的撰写。

　　我还要感谢本书的责任编辑淡智慧，在这三年里，我们不断商讨修改这本书的结构和内容，非常感谢她细致的工作和对我的鼓励和信任，她期待的目光是我能够完成这本书的最大动力。

　　最后我要感谢的是我的先生黄少鹏，我的儿子黄文瑞，在这三年里我经历了怀孕、生子这一人生大事，是先生无微不至的关怀和贴心的照顾，让我的身体很快恢复，拥有充沛的精力来投入工作，是儿子温柔的目光和纯真的微笑让我觉得生活更有乐趣，工作更有目标。

　　如果这本书为你带来了某种设计灵感或者启示，那正是我所期待的，如果你觉得这是一本有用的书，一本值得一看的书，那么我这三年的工作就没有白做。

耿晓杰

2012年7月写于北京